"十三五"国家重点图书出版物出版规划项目

常 青 主编｜城乡建成遗产研究与保护丛书

浙闽风土建筑意匠

THE DESIGN THEORY
OF TRADITIONAL VERNACULAR
ARCHITECTURE IN
ZHEJIANG AND FUJIAN

周易知

U0324548

同济大学 出版社
TONGJI UNIVERSITY PRESS

中国·上海

图书在版编目（CIP）数据

浙闽风土建筑意匠 / 周易知著 . -- 上海：同济大
学出版社，2019
（城乡建成遗产研究与保护丛书 / 常青主编）
"十三五"国家重点图书出版物出版规划项目
ISBN 978-7-5608-8569-8

Ⅰ . ①浙… Ⅱ . ①周… Ⅲ . ①农村住宅－建筑艺术－
研究－浙江②农村住宅－建筑艺术－研究－福建 Ⅳ .
① TU241.4

中国版本图书馆 CIP 数据核字 (2019) 第 117883 号

国家自然科学基金（51708413）资助项目
上海高校服务国家重大战略出版工程项目
"同济大学学术专著（自然科学类）出版基金"资助项目

城乡建成遗产研究与保护丛书

浙闽风土建筑意匠

周易知　著

出品人：华春荣
策划编辑：江岱
责任编辑：孙彬
责任校对：徐春莲
封面设计：张微
版式设计：朱丹天
出版发行：同济大学出版社
地址：上海市杨浦区四平路 1239 号
电话：021-65985622
邮政编码：200092
网址：www.tongjipress.com.cn
经销：全国各地新华书店
印刷：上海安枫印务有限公司
开本：787mm×960mm　1/16
字数：280 000
印张：14
版次：2019 年第 1 版　　2019 年第 1 次印刷
书号：ISBN 978-7-5608-8569-8
定价：88.00 元

总 序

　　国际文化遗产语境中的"建成遗产"（built heritage）一词，泛指历史环境中以建造方式形成的文化遗产，其外延大于"建筑遗产"（architectural heritage），可包括历史建筑、历史聚落及其他人为历史景观。

　　从历史与现实的双重价值来看，建成遗产既是国家和地方昔日身份的历时性见证，也是今天文化记忆和"乡愁"的共时性载体，可作为所在城乡地区经济、社会可持续发展的一种极为重要的文化资源和动力源。因而建成遗产的保护与再生，是一个跨越历史与现实，理论与实践，人文、社会科学与工程技术科学的复杂学科领域，有很强的实际应用性和学科交叉性。

　　显然，就保护与再生而言，当今的建成遗产研究，与以往的建筑历史研究已形成了不同的专业领域分野。这是因为，建筑历史研究侧重于时间维度，即演变的过程及其史鉴作用；建成遗产研究则更关注空间维度，即本体的价值及其存续方式。二者在基础研究阶段互为依托，相辅相成，但研究的性质和目的不同，一个主要隶属于历史理论范畴，一个还需作用于保护工程实践。

　　追溯起来，我国近代以来在该领域的系统性研究工作，应肇始于1930年由朱启钤先生发起成立的中国营造学社，曾是梁思成、刘敦桢二位学界巨擘开创的中国建筑史研究体系的重要组成部分。斗转星移八十余载，梁思成先生当年所叹"逆潮流"的遗产保护事业，于今已不可同日而语。由高速全球化和城市化所推动的城乡巨变，竟产生了未能预料的反力作用，使遗产保护俨然成了社会潮流。这恰恰是因为大量的建设性破坏，反使幸存的建成遗产成了物稀为贵的珍惜对象，不仅在专业研究及应用领域，而且在全社会都形成了保护、利用建成遗产的价值共识和风尚走向。但是这些倚重遗产的行动要真正取得成功，就要首先从遗产所在地的实际出发，在批判地汲取国际前沿领域先进理念和方法的基础上，展开有针对性和前瞻性的专题研究。唯此方有可能在建成遗产的保护与再生方面大有作为。而实际上，迄今这方面提升和推进的空间依然很大。

　　与此同时，历史环境中各式各样对建成遗产的更新改造，不少都缺乏应有的价值判断和规范管控，以致不少地方为了弥补观光资源的不足，遂竞相做旧造假，以伪劣的赝品和编造的历史来冒充建成遗产，这类现象多年来不断呈现泛滥之势。对此该如何管控和纠正，也已成为城乡建成遗产研究与实践领域所面临的棘手挑战。

总之，建成遗产是不可复制的稀有文化资源，对其进行深度专题研究，实施保护与再生工程，对于各地经济、社会可持续发展具有愈来愈重要的战略意义。这些研究从基本概念的厘清与限定，到理论与方法的梳理与提炼；从遗产分类的深度解析，到保护与再生工程的实践探索，需要建立起一个选题精到、类型多样和跨学科专业的研究体系，并得到出版传媒界的有力助推。

为此，同济大学出版社在数载前陆续出版"建筑遗产研究与保护丛书"的基础上，规划出版这套"城乡建成遗产研究与保护丛书"，被列入国家"十三五"重点图书。该丛书的作者多为博士学位阶段学有专攻，已打下扎实的理论功底，毕业后又大都继续坚持在这一研究与实践领域，并已有所建树的优秀青年学者。我认为，这些著作的出版发行，对于当前和今后城乡建成遗产研究与实践的进步和水平提升，具有重要的参考价值。

是为序。

同济大学教授、城乡历史环境再生研究中心主任
中国科学院院士

丁酉正月初五于上海寓所

序　言

　　"居住"是人类的永恒话题，千万年来，人类为了对抗残酷的自然环境，适应不同的地理气候条件，充分利用身边的资源，为自身打造了各式各样的栖身之所。可以说不同的"居住"造就了不同的文化。然而在现代化不断深化的过程中，传统的居住环境却陷入了生死存亡的危机之中。从柯布西耶提出"住宅是居住的机器"以来，20世纪的建筑界始终进行着建筑机械化、工业化的改革。实际上，不仅仅是工厂、商店、办公楼等工商业设施或政府设施，就连我们自身的居住空间也受到工业化的波及，居住环境发生了巨大的变化。住宅——这一复杂的文化要素集合体与作为其背景的社会制度一同受到影响，被大量预制住宅、集合住宅等工业产品所替代。

　　在西方建筑界，20世纪70年代伊始的后现代主义运动再次唤醒了对地域建筑和传统建筑的重视。中国在改革开放以来，传统居住环境在城市化的大潮中遭到严重破坏，可以说这40年都处在中国传统居住文化解体的过程中。在谈到传统民居的现状与传统文化的消逝时，浅川滋男教授认为："作为工业产品的住宅，确实在功能、构造、经济性等诸多方面凌驾于传统住宅之上，但是，如果工业化制品之外的东西全部消失，就会从根本上陷入'人类不在'这一致命缺陷之中。而且，工业化住宅不仅只造成住宅单体的变化，在聚落、城市的层面，也成为助长历史环境和传统街区混乱的主要帮凶。日本各地本来为居住者熟知的居住环境'小宇宙'也在工业化住宅群的势头中变成了工厂一样的乏味的均质空间。结果我们丧失了居住环境的'原风景'，涌现出在哪儿都感受不到安居的'故乡丧失感'。"①像日本、中国这样受西方文化影响而实现现代化的国家，传统地域建筑文化的丧失则更加严重，陷入了"千城一面"②的状态。

　　目前，我国学界对风土建筑的研究种类繁杂。历史学、人类学、民俗学、建筑学、城乡规划学、景观学等学科都将其作为重要的研究对象。近年来，由于乡村问题越来越受关注，地域风土建筑及其建成环境、建筑文化的研究已然成为一门显学。建筑学

---

① 浅川滋男. 住まいの民族建築学 [M]. 东京：建築資料研究社，1994：18.
② "千城一面"的概念最早出现在裴行洁《基层居民组织对社区传统文化保护的作用》（《中国文物学会传统建筑园林委员会第十一届学术研讨会论文集》，1998）一文中。自2007年江明《千城一面与自主文化》（人民论坛，2007（18）：60）后在中国开始广泛使用。

界风土建筑的第一个研究高潮始于 20 世纪 80 年代，出现了一批民居丛书，书中内容以大量实地考察的手绘建筑图为主，文字不多，关于对象建筑的断代、所处自然环境、使用现状等信息都没有记录。[①]可以说，这一阶段尚未出现对风土建筑的系统研究。世纪之交，随着交通和乡村建设的发展，学者可以更方便地深入农村进行田野考察，更多的传统民居建筑被发现，第二批民居丛书逐渐问世。这一批丛书不仅有对风土建筑本体的测绘，也开始出现对地域风土建筑特征的总结。[②]同时，这一阶段还出现了对中国地域风土建筑谱系研究的初探。然而，这些对建筑谱系的判断往往还是凭借客观条件如自然气候，或是自身经验，并没有详尽的田野考察资料作为基础。近年，由于风土建筑调研、开发，以及破坏的不断加剧，对风土建筑谱系研究的需求越来越大，很多学者也开始对风土建筑谱系、匠作谱系等热门问题进行研究。[③]显然，风土建筑研究已经进入了一个全新的阶段。

如今，对建筑遗产的保护再生是国家开发的重点，也是学界的热门。对风土建筑的修复、利用，必然会带来历史信息的丢失，因而在开发之前的先行研究非常必要，也必须力求全面和完整。如何系统、全面地对风土建筑进行研究，则需要一套成熟的方法。目前，对于风土建筑这个对象，尚缺乏一个系统全面的认识，大部分人还只是狭义地将其理解为民居，而对风土建筑的研究方法，视角众多却难中要害，急需对风土建筑以及风土建筑研究进行全新的探索。

中国风土的地域性起源

北方穴居与南方巢居

据《礼记》记载，"昔者先王未有宫室，冬则居营窟，夏则居橧巢"，反映出原始人类的居住方式。通过大量房屋遗址的考古发掘和研究证明，中国的原始社会在进入新石器时代时，产生了具有代表性的两种居住方式：一种是主要分布在黄河流域中下游一带的穴居，另一种是主要分布于长江流域下游地区的巢居。[④]由此可见，中国的原始人类是从漫长而艰难的穴居和巢居建造开始，逐步掌握建筑技术的。

半坡遗址是仰韶文化的代表，其建筑遗迹是典型的新石器时代穴居文化，距今有3000 ～ 5000 年的历史。根据杨鸿勋的研究，[⑤]半坡遗址的穴居建筑平面可分为方形和

① 陆元鼎 . 中国民居研究现状 [J]. 南方建筑，1997（1）：28–30.
② 代表丛书有：陆元鼎 . 中国民居建筑丛书 [M]. 北京：中国建筑工业出版社，2009. 丛书十八册 .
③ 常青 . 风土观与建筑本土化——风土建筑谱系研究纲要 [J]. 时代建筑，2013（3）：10–15.
④ 安志敏 . 干栏式建筑的考古研究 [J]. 考古，1963（2）：65–85.
⑤ 杨鸿勋 . 仰韶文化居住建筑发展问题的探讨 [M]// 杨鸿勋 . 建筑考古学论文集 . 北京：文物出版社，2008.

圆形两种。其建造方法为：先在黄土地上挖掘面积约 20 平方米（也有大到 40 平方米）的浅穴，穴的深度在 50 ～ 80 厘米，然后用木桩密密地排列于四周，再将木桩捆扎，并以韧性植物枝叶、藤蔓在桩间编结为壁体，上面覆盖屋顶，屋顶形制为侧面"人"字形。为了防寒保暖和遮风避雨，又以草拌泥涂抹于壁体，且铺盖屋顶，确有"茅茨不翦"的气象。根据半坡遗址考定的建筑式样，通过模拟图样的剖面，可以依次分为：①早期：半穴居；②中期：由半穴居发展至地面居室；③晚期：将居室空间按功能分割成多室格局。概括而言，穴居文化的发展线索大约是：横式穴居—竖式穴居—半竖式穴居—木骨泥墙式多室建筑。

河姆渡村遗址位于浙江省余姚市河姆渡镇，是河姆渡文化的代表，其建筑遗存是典型的新石器时代巢居文化，距今大约六七千年的历史。遗址总面积约 4 万平方米，堆积厚度 4 米左右，上下叠压着 4 个文化层。河姆渡文化的建筑遗存是我国已知的、最早采用榫卯技术构筑木结构房屋的一个实例，其结构榫卯有：企口板、销钉孔、栏杆构件、柱头及柱脚榫、柱枋榫卯。[1]杨鸿勋的研究、推测表明[2]：巢居的原始形态为单株大树上架巢，即是在分枝开阔的权间铺设枝干茎叶，构成居住面积，在上面用枝干相交构成挡雨的棚架，即古文献所谓的"橧巢"的原型。在此基础上，为了扩大居住空间，选择彼此临近的 4 棵大树构筑一个较大的棚架，进而又演变成干栏式房屋建筑。所谓干栏式是指底下架空，居住面带长廊的木架构建筑。总之，巢居文化大约的发展历程为：单株树巢居—多株树巢居—干栏式建筑。

古代先民为了对抗恶劣的自然条件，衍生出了"南巢居，北穴居"两大民居体系，这两大体系逐渐趋同，演变为今天所见的地居形式。然而，今天的民居建筑中，依然存在着种种地域性特征，这些特征反映出其从上述某一体系中演变至今的历程，而探索这一演变历程，并还原其各个时期的可能形态则是非常有意义的。

夷夏说与南方土著文化[3]

中国自古有"夷夏之辨"，将自己（"诸夏"）与周边的少数民族（"四夷"）区别开来，然而，历史与考古人类学以及相关研究表明，定居农业文化起源于东亚，是中国文化的底层，而青铜游牧文化来自中亚或西亚，是中国文化的表层，也就是说，中国文化其实是"夷"与"夏"的混合。

傅斯年在《夷夏东西说》中指出："夏实为西方之帝国或联盟，曾一度或数度压迫东方而已；与殷商为东方帝国，曾两度西向扩土，灭夏克鬼方者，正是恰恰相反，

---

[1]　浙江省文物管理委员会，浙江省博物馆.河姆渡发现原始社会重要遗址 [J].文物，1976，8：6-14.
[2]　杨鸿勋.中国早期建筑的发展 [M]// 杨鸿勋.建筑考古学论文集.北京：文物出版社，2008.
[3]　本小节内容主要参考易华所著《夷夏先后说》，民族出版社，2012.

遥遥相对。"

凌纯生也发现中国文化的基层是东部沿海地区的海洋文化，即"夷"文化，而"华夏"民族则代表了大陆文化："1. 亚洲地中海的大陆沿岸为环太平洋古文化的起源地，中国古人称之为夷的文化，故可名之为海洋文化，其民族北曰貊，南曰蛮或越……2. 来自青藏高原和黄土高原的大陆文化，其民族为华夏，东来与海洋文化接触后，经两千年的融合，形成了中原文化，现在由考古学上能确定的殷商文化为代表……3. 在华北平原融合华夏与东夷海陆两文化而成的中原文化，虽战胜了江南和岭南的南夷文化，然两文化的涵化迄今尚未完成……"

日本的绳纹文化、韩国的有纹陶器文化和中国的新石器时代文化都没有孕育青铜与游牧文化的迹象。日本学者很早就明确承认日本青铜与游牧文化源于中国或东亚。韩国学者也承认其青铜或游牧文化来自中国或中亚，只是传播的具体时间和途径还存在争议。中国学者也承认中国与日本、韩国青铜文化的源流关系，但对中国青铜文化的起源还存在不同的说法。不过近年更多考古发现表明，从夏代开始，东亚出现了一系列新文化的因素：青铜、黄牛、家马、山羊、绵羊、小麦、砖、金崇拜，以及支石墓、火葬、天帝崇拜，等等。

综合研究表明，石器、陶器、水稻、粟、猪、狗、半地穴或干栏式住宅、土坑葬等定居农业文化因素在东亚可以追溯到 8000 年甚至上万年前，而青铜、小麦、黄牛、绵羊、马、火葬、金器等与游牧生活方式相关的文化要素不早于四五千年前。可以初步确定，中国新石器时代定居农业文化是本土起源，而青铜时代游牧文化是外来因素。

南方系居住文化的存续

中国文化源于青铜的游牧文化（夏）与定居的农业文化（夷）的交流碰撞，其必然对居住文化产生影响。随着中原文化变成主流，中原汉族（诸夏）对于周边的土著民（四夷）便开始了文化输出。故而在漫长的历史长河中，在数次北方汉人的南迁过程中，北方游牧文化与南方水稻农业文化产生了多次的叠加。

李济在《中国民族的形成》（第三章"我群的演进：以城址衡量其规模"）中，以《古今图书集成》中记载的 4 478 个城市为对象，按省追踪其从公元前 722 年至 1644 年的分布过程。以城墙城市的分布与兴衰为指标，掌握了汉族的扩张过程。结果按汉族的定居时间长短分为以下三组[①]：

第一组：甘肃、河南、陕西、江苏、山东、安徽、河北、湖北、山西；

第二组：云南、湖南、江西、四川、浙江；

---

① 李济. 中国民族的形成 [M]. 南京：江苏教育出版社，2005：87.

第三组：广西、广东、福建、贵州。

李济从城墙城市的数量推定，汉族经历了第一组→第二组→第三组两次主要的迁徙。汉族的势力扩大与城市的数量和维持时间成正比，城址是随着汉族移民的足迹建筑起来的。由此可以注意到"汉族"与"城市"的对应。在汉族扩张过程中建立的城市，成为一个地区的文化中心。一方面，这一地区的土著民逐渐被汉族同化，另一方面，汉族也在吸收当地少数民族文化的过程中成长起来。

南方系民居也是这种文化叠加下的产物，近世的南方传统民居是上古南方土著民居经过数次北方居住理念、建筑技术的影响后演化而来的。这种阶段性的时间轴上的形制变化，由于南方复杂的地理条件和多样的亚文化而在今天被转化为地域性的建筑差异。可以说，今天的南方民居，在不同的地域存在着不同时期北方建筑文化的影响结果，也存在着各种各样的上古南方土著民居建筑文化的参与，当然更多的则是这两种建筑文化碰撞交流的衍生产物。可以说，是南方系民居的存续过程造就了今天南方系民居丰富多彩的表象。

风土建筑研究方法

风土建筑，与官式建筑相对应，主要指代民间以居住、商贸或宗教为目的建造的房屋。常青教授将风土建筑定义为"具有风俗性和地方性的建筑"。他认为其受到自然气候和文化传统二者的共同影响而使人产生"对所居地方的归属感"。[1]因此，风土建筑大多处在不同的自然环境中，受到不同的文化影响，呈现出丰富多彩的表象，而对这些建筑现象的比较研究则成为风土建筑的重点。正因为风土建筑的表观特征丰富多彩，明确区分对象所属的类型则变得尤为重要。必须同类的、具有可比性的风土建筑，其比较研究才具有意义。也就是说，风土建筑研究必须首先确定一个前提：复数的研究对象属于同一个类型，即有相同社会地位的人群与相近的使用功能。有了这个前提，不同建筑所呈现的差异方可以定义为"风土"的差异，体现"风土"的特征。

中国古代封建社会等级分明。贵族（皇家）、官僚（士大夫）与百姓有着明确的区分。建筑却仅有皇家的（官式）与非皇家的（风土）两类区分。可见，所谓风土建筑，一定是包含了士大夫与平民百姓两个体系的，而且这两个体系一定是泾渭分明，不可混为一谈的。

值得注意的是，今天的风土建筑研究尚未对此进行明确的区分，谈到汉族地区的传统民居，绝大多数都是对士大夫阶层以上建筑的研究，看重院落体系和木构装饰，

---

① 常青.风土观与建筑本土化——风土建筑谱系研究纲要[J].时代建筑，2013（3）：10–15.

被列为文保单位的风土建筑也全部是这一类。而广大平民的建筑形制如何则基本被忽略，或混为一谈。冯纪忠先生在 20 世纪 70 年代设计上海松江方塔园何陋轩的时候，明确提出自己的设计灵感来自松江农民的茅草屋。但是今天，不仅在上海再也找不到茅草屋，谈到上海地区的风土建筑，人们也只会提到江南地区常见的天井式合院。朱光亚教授在谈到传统木结构类型时，也意识到在民间甚至是贫民阶层中常使用的"窝棚式结构"[①]是一种被忽视却有着悠久历史的结构类型。

然而，在谈到少数民族的风土建筑时，情况却又恰恰相反。由于少数民族不存在官僚士大夫阶层，而且未经过工业化洗礼，建造传统保存较好，使得少数民族普通百姓的风土建筑（绝大多数建成时间在 50 年内）被大量发现。这样，对少数民族风土建筑的研究则自然而然全部集中在平民风土建筑上。进而在比较少数民族与汉族风土建筑时，不自觉地犯下把平民建筑与士大夫建筑相提并论的错误。通过这种比较得出的结论自然也是靠不住的。

可以看出，对中国风土建筑的误读，很大程度上源于对风土建筑类型没有系统地把握，只是草率地将不同类型的建筑相互比较。首先，这不利于风土建筑的全面研究；其次，大量本不属于同一类的建筑（如汉族地区农民的风土建筑），其自身价值得不到肯定，被认为不高级、不完整、没有艺术价值而得不到应有的保护，造成了不可挽回的损失。

对于民居的分类研究，学界已经有了许多成果。按照陆元鼎教授的总结，分为"平面分类法"（刘敦桢）、"结构分类法"（刘致平）、"外形分类法"（龙炳颐）、"气候、地理分类法"（汪之力）、"人文、语言、自然条件分类法"（陆元鼎）、"文化、地理分类法"（蒋高宸）等等。[②]这些研究对风土建筑特征的分类提供了很好的参考。然而对风土建筑本身，却全部归于"民居"一类。这主要是由于当时的田野考察资料有限造成的。今天，在大量风土建筑被发掘、研究的时候，应当重新对风土建筑进行系统的分类。本书按照使用功能和所处地位，将中国的风土建筑分为居住、祠庙、商贸、其他四大类。不同类别之间的建筑，原则上不应当在风土建筑研究中混为一谈。

居住类：居住类风土建筑就是一般意义上的"民居"。如前文所述，居住类风土建筑包括士大夫住宅和平民住宅。士大夫住宅的代表是所谓的"大夫第"和"旗杆里"，体现了考取功名的主人的地位，这一类住宅更接近官式建筑；平民住宅则更多地体现地域性特色，并且与主人的政治、经济、文化背景关系紧密，应当是研究地域风土建筑的重点。

---

① 朱光亚．中国古代建筑区划与谱系再研究 [C]．上海：中国建筑史学国际研讨会，2007．
② 陆元鼎．中国民居研究五十年 [J]．建筑学报，2007（11）：66–69．

祠庙类：祠庙包括宗祠和一些民间信仰的庙宇，这一类建筑在形制上一般较为接近官式建筑。一般而言，宗祠是明万历年间由礼部尚书夏言奏准百姓兴建家庙、大宗祠或祠堂后才开始大量出现，因而其地域性差异会比居住类小很多；而民间信仰的庙宇一般由民间自发出资、自行修建，与居住类建筑在建造技艺上的差别很小。

商贸类：商贸类建筑一般只出现在集镇等级以上的聚落，村一级聚落没有商贸功能。主要可细分为会馆建筑与普通沿街商业建筑。会馆建筑一般体量较大，有多进的院落，在装饰上比较体现地域特色；一般的商业建筑体量较小，往往沿一条或几条商业街整齐排列。在总平面的布局上商业街与居住区的区别非常明显。

其他类：这一类建筑或构筑物的共同特点是不属于个人，多为集体所有，共同使用，如：桥梁、亭子、水车等。

风土建筑信息采集方法

风土建筑信息采集的主要方法包括建筑测绘与口述史调研两部分。建筑测绘，即尺寸的测量与痕迹的记录，是建筑学最基本的方法，这里不再赘述。口述史调研，也就是常见的访谈，是风土建筑信息采集不可或缺的一环。中国营造学社当年考察古建筑，大多数已经是无人使用的遗迹，测绘是唯一可以采用的方法。而面对"活着"的风土建筑，对人的访谈则更为重要。对风土建筑的口述史调研总体而言分为匠作考察和方言考察两部分：

第一，匠作考察。是对风土建筑的建造者——匠人的口述史考察。也就是考察不同匠作体系下的建筑营造方式。这包含营造方式、用尺、禁忌、匠人传承等方面。

第二，方言考察。是对风土建筑使用者——居民的口述史考察。也就是考察不同方言对建筑空间的表达。从语言相对论（linguistic relativity）中的萨皮亚、沃尔夫假说到认识人类学方法论，对文化内在的记述，以及对对象社会母语意思的分析都是重中之重。抓住"词汇"的意思，就是了解这一人群认识体系的突破口，同样也是解析文化遗产的社会性质的突破口。中国幅员辽阔，存在很多方言，而且各方言之间相差甚远，人们甚至无法沟通。另一方面，在各方言中，对于住宅中的每一个房间大多有明确的"词汇"指代。收集这些词汇，可以架构出当地人对于风土建筑空间的认知方式和设计方法。从语言出发分析"活着"的风土建筑的区系特征，日本学者浅川滋男称其为"民族建筑学"的方法[1]，而常青教授称其为从"语缘"出发的谱系研究方法[2]。

---

① 浅川滋男 . 住まいの民族建築学 [M]. 东京：建築資料研究社，1994：22.
② 常青 . 我国风土建筑的谱系构成及传承前景概观 [J]. 建筑学报，2016，(10)：1–9.

风土建筑谱系学研究方法

风土建筑的研究从微观出发就是对单体建筑特征的提取和总结，而从宏观出发则是对建筑谱系的归类总结。风土建筑的研究归根结底是谱系的研究。因为单体建筑特征的提取非常直观，而复数对象间特征的比较则成为风土建筑研究的关键问题，因而引入风土建筑谱系学研究方法则显得非常重要。

这一研究方法与收集文字资料进行议论的文献主义立场不同，它最重视基于长期田野考察的体验主义立场的议论。进而尊重对象建筑和社会"活着"的事物，比起历史复原的考察，更倾向对田野现场的记述与分析。也就是站在共时性（synchronic）的立场进行研究。

风土建筑谱系研究类似于生物分类学的研究。旨在将风土建筑在空间上、构造上以及使用上所呈现出来的各种特征抽象化，通过对这些特征的比较、分类来反映不同建筑现象之间的亲缘关系、演变过程和发展关系。

既然风土建筑研究最重要的环节就是对其进行特征总结和谱系分类，而进行谱系分类，必然需要一个基本框架。学界对于谱系框架的认知，有从自然气候环境进行划分的[1]，有从历史、移民、文化进行划分的[2]，也有从民系、方言层面进行划分的[3]。

通过建筑谱系对物质文化的比较，也可以建构对风土建筑流变的理解。那么，在多彩的物质文化中，建筑则是一面能够反映社会制度和时间观的镜子。换句话说，建筑是作为文化和文化传播指标的一种物质文化。然而遗憾的是，只依赖现存的分布构造来对民居的发展阶段和系统进行再构成，其结论无论何时都只是充满空想的假说。目前很多传统民居方面的研究都存在着方法上的缺陷：只依存于现在的分布，明显缺乏在时间轴上的考虑；对风土建筑在建筑史学上的理解十分缺乏。这样的话，对风土建筑的研究也很难得出值得信赖的结论。

因此，风土建筑研究不仅仅要对共时性意义上的谱系进行归类，也需要回归建筑史学和考古学的方法，重视对作为"物"的建筑风格史与风土建筑在目的和方法上的对比进行总结，有必要进行一些复原研究，也就是站在历时性（diachronic）的立场进行研究。其中，主要包含两个步骤：

第一，对某一个特定风土建筑在其生命周期内的各种形制变化进行研究。建筑，尤其是风土建筑，往往不可能一蹴而就。在其生命周期内，必然要经历不断改建、加建甚至重建。由于木结构的特性，甚至建筑中的某一些部分也可以在维持其他部分不

---

① 王文卿，陈烨 . 中国传统民居构筑形态的自然区划 [J]. 建筑学报，1992（4）：12-16.

② 王文卿，陈烨 . 中国传统民居的人文背景区划探讨 [J]. 建筑学报，1994（7）：42-47.

③ 朱光亚 . 中国古代建筑区划与谱系研究初探 [C]// 中国传统民居营造与技术 . 广州：华南理工大学出版社，2002：5-9.

变的前提下被改换。因此，在总结风土建筑特征时要对这一类现象格外小心。

第二，对某一个特定时代的遗构或复原建筑的横向比较。在粗略断代（居民访谈、族谱记载、形制断代）的基础上，将同一时期的建筑特征进行横向比较，一般会得到两种结论：①该地区大部分或全部采用某一种做法；②该地区存在几种不同类型的做法。对于前者，不存在特例的，可以认定这种做法为该地区的风土特征；存在特例的，返回第一步骤进行深入探讨，寻找原因。对于后者，或从历史角度出发，考察建筑特征的时代演变规律；或从邻近地区寻找相似做法，考察建筑文化的影响和传播。

然而，风土建筑毕竟是民间的建筑，几乎不可能留下详尽的历史记载，对其历史的研究难免遇到无从查考的问题。而且历史过程纷繁复杂，很多情况下根本无法进行归纳和总结。因此，风土建筑研究不应该，也不可能追求完美严谨的实证和完全没有反例存在。更多情况下可以通过统计概率对特征归属进行认定。如果一个地区大部分风土建筑采用了相近的特征，或大部分建筑呈现一定的时代演变规律，就算有个别无法解释的反例存在，也不应当推翻结论。

总之，利用历时性研究的成果修正共时性的建筑谱系，进而形成完善的风土建筑特征谱系，即为一个完整的风土建筑谱系学研究过程。

目 录

第 1 章　东南沿海地区与浙闽传统风土建筑

1.1　东南沿海地区与浙闽文化

东南沿海地区主要包含钱塘江以南的浙江省、福建省以及闽南文化圈范围内的广东省潮汕地区。在地理上，该地区在江南以南，岭南以北，既不属于长江流域，也不属于珠江流域，为群山所环绕，相对封闭。在文化上，该地区主要通用闽语与吴语（主要为南部吴语方言），方言多拗口难懂，导致其在风俗文化上也相对封闭。

"东南沿海地区"这一概念，出自施坚雅（G. William Skinner）之《中华帝国晚期的城市》①一书。他在对中国各个地区的"城市化"与"移民"进行比较时，发现仅通过行政区划来划分区域是行不通的。于是，他从大河流域等自然、经济条件出发，将中国的汉族聚居地区分为"华北""西北""长江上游""长江中游""长江下游""东南沿海""岭南""云贵"八个区域。其中，"东南沿海"（Southeast Coast）指的就是中国东南部钱塘江、长江、珠江流域以外的地方。这一区域以山地丘陵和河谷平原为主，主要河流有甬江、椒江、瓯江、闽江、晋江、九龙江、韩江等（图 1.1）。"东南沿海"这一大的区域概念下，还存在着很多"次级地区"（sub-region）。这些次级地区的划分与上述河流流域有着密切的关联。同一地域范围内的人群，则在某种程度上存在着文化认同。

从文化出发，东南沿海地区按照民系可分为越海系与闽海系，分别讲吴语与闽语方言。越与闽之间自古以来存在着千丝万缕的联系。可以说，从文化的角度出发，东南沿海地区也可以称为浙闽地区。本书以风土建筑及其背后所包含的丰富文化现象为主要研究对象，故相应采用"浙闽地区"这一概念。

地理与气候

浙江省位于中国东南沿海长江三角洲南翼，在东经 118° 00′ ～ 123° 00′、北纬 27° 12′ ～ 31° 31′，东濒东海，南接福建，西与江西、安徽相连，北与上海、江苏为邻。

---

① 施坚雅. 中华帝国晚期的城市 [M]. 叶光庭，徐自立，王嗣均，等译. 北京：中华书局，2000.

图 1.1　从江河流域看东南沿海地区①

境内最大的河流为钱塘江，因江流曲折，故称"浙江"。浙江省东西和南北的直线距离均为 450 千米左右。全省陆域面积 10.18 万平方千米，为全国面积的 1.06%，是中国面积最小的省份之一。

福建省地处中国东南沿海，位于东经 115°50′～120°43′，北纬 23°31′～28°18′。北界浙江，西邻江西，西南与广东相接，东隔台湾海峡与台湾相望，连东海、南海而通太平洋。全省东西最大宽度约 480 千米，南北最大长度约 530 千米，土地面积 12.14 万平方千米。就海上交通而言，福建是中国距离东南亚、西亚、东非和大洋洲较近的省份之一，历来是中国与世界交往的重要门户。

复杂的丘陵地貌：浙江地形复杂，山地和丘陵占 70.4%，平原和盆地占 23.2%，河流和湖泊占 6.4%，耕地面积仅 208.17 万公顷（1996 年、2009 年下降到 198.67 万公顷），人均耕地面积 0.048 公顷（1996 年、2009 年下降到 0.037 公顷），故有"七山一水两分田"之说。地势由西南向东北倾斜，大致可分为浙北平原、浙西丘陵、浙东丘陵、中部金衢盆地、浙南山地、东南沿海平原及滨海岛屿等地形区。

---

① 作者自绘示意图。

福建也是一个多山的省份，素有"八山一水一分田"之称，全省海拔 80 米以上的丘陵和山地占全省土地面积的 89.3%，海拔 80 米以下的平原台地占总面积的 10%。平原主要分布在沿海地区，较大的有福州、漳州、泉州和兴化等四大平原。截至 2009 年底，全省有耕地 133.7 万公顷，人均耕地面积仅 0.036 公顷。

多风雨的气候：东南沿海地区属于亚热带季风气候，季风显著，四季分明，气温适中，光照较多，雨量丰沛，空气湿润，雨热季节变化同步，气候资源配置多样，气象灾害繁多。年平均气温 15 ～ 21 摄氏度，年平均降水量 1100 ～ 2000 毫米，全年降雨天数 140 ～ 170 天，雨量季节分配不均，梅雨季节（浙江为 5 ～ 6 月，福建为春季），降雨量在 300 ～ 700 毫米，其次是 8、9 月的台风期，降水量在 200 ～ 300 毫米。

海洋文化：漫长的海岸线和多山少地的环境造就了东南沿海地区民众的海洋性民族特征。可以看出，东南沿海地区海岸线长，山地面积大，耕地面积小，河流短但高差大的自然特征，与希腊、日本等国家非常相像。海洋性民族特征也多少存在于这一地区，从古至今，该地区人民以下东洋、南洋出海经商而闻名。直至今日，温州商人依旧是非常典型的例子。善于贸易，遵守规则，富有开拓精神是他们的特点，同时，他们也很容易接受外来的先进文化，这也成为今天东南沿海地区风土建筑文化的一个重要的自然文化背景。

区域历史与人口迁徙

（1）汉文明的扩张

秦汉时期，整个东南地区的开发程度还很低，秦代的郡县制分天下为 36 郡，后来又增加了闽中、南海、桂林、象 4 郡。东南地区分属闽中、庐江、会稽、长沙、南海诸郡，当时仅有十几个县。汉武帝灭闽越国后，加强了对闽中之地的管理，但汉代的闽中依旧是偏僻的边疆。汉武帝元封五年（前 106），在全国设 13 个刺史部，而在今福建境内只设一县。即使是南方比较发达的会稽郡，人口密度也仅有 4.45 人 / 平方千米，是中原地区京兆郡的 1/12，河南郡的 1/30。[①]葛剑雄在分析秦汉时期人口分布时说："长江以南大多数地区人口稀少，尤其是今浙江南部、福建、两广、贵州大多还榛莽未辟，人口密度最低。"[②]

三国两晋南北朝时期，中原持续战乱，大量汉人移民江南，继而进入东南地区。但相对于全国而言，该地区人口还是很少的。《晋书·地理志》载，"建安郡，统县七，户四千三百"。

---

① 主要依据班固《汉书·地理志》的记载。
② 葛剑雄.中国移民史 [M].福州：福建人民出版社，1997：48.

东南地区真正的发展是唐代以后，宋代中国经济中心南移，促进了东南地区的进一步发展。北宋太平兴国年间（976—983），福建有467 815户，崇宁元年（1102）有1 061 759户，到了南宋绍兴三十二年（1162）有1 390 566户，而到嘉定十六年（1223）猛增至1 599 214户，这种增长速度居南方首位。[①]由于人口激增，导致人口与耕地、粮食生产之间严重失衡，从而促进了商业以及对外贸易的发展。明州（今宁波）、泉州港的繁荣，包括宋日贸易在内的对外贸易的活跃，使得这一时期的南方汉文明进一步向外传播。

（2）中国浙闽地区的民族史

根据李济的统计分析可以看出，华南与华北相比，汉族的迁入比较晚。华南地区在相当长的一段时间内，土著集团维持着强大的势力范围。实际上，古代的华南各地都有多彩的土著民族。

这些多彩的南方土著民，分别被给予了固有的称呼，但对于中原的汉人来讲，或许统称其为"南蛮"或"百越"更好。百越就是"数不清的（百）远方的国家（越）的民族"的意思。《汉书》地理志中对"粤"的描写有唐代臣瓒的注："交趾到会稽七八千里，百越杂处，各有种姓……"从越国南部到浙江省的南方各地，有各种各样的"越族"生活，且有多样的种姓（民族的称呼），确实在文献中可以看到吴越、杨越、于越、瓯越、闽越、南越、山越、骆越等多彩的种姓。因此，东南地区一定存在着丰富的土著文化，对中原汉人而言，这里可能是未开化的偏僻边疆，但绝对不是杳无人烟之地。

汉人移民的大量迁入带来了先进的汉文明，同化了当地的土著民，同时也与丰富的土著文化相融合，形成了独特的南方文化。历史上影响深远的汉民族南迁和南北文化的交融事件一共有五次。

汉灭闽越：闽越又称为"闽粤"，亦称为"无诸国"。其国土大致位于今福建省，是战国时期被楚国所灭的越国人在逃到该地时与当地的百越土著所共同建立的一个国家，主体民族为闽越族，存在的时间大致在公元前333年至公元前110年之间。闽越王无诸的后代东越王余善，自立为帝，并发兵反汉。汉武帝在击败北方匈奴、解除北方边患之后，调遣四路大军共数十万人围攻闽越国。余善建六座城池拒汉兵。同时，汉王朝对闽越国内部采取分化瓦解的手段，争取了闽越（越繇）王居股和部分贵族杀余善后降汉。

汉武帝以为"东越狭多阻，闽越悍，数反复"，"终为后世患"，遂下令军吏将越人全部迁往江淮间安置。[②]汉灭闽越虽然使原本繁荣的闽中一度成为空虚之地，但从此

---

① 戴志坚.福建民居[M].北京：中国建筑工业出版社，2009：23.
② 主要依据司马迁《史记·东越列传》和班固《汉书·闽粤传》的记载。

中原汉族政权开始了对闽越地区的影响，可以说汉灭闽越是南北文化交融的开端。

晋衣冠南渡：西晋怀帝，愍帝时期由于八王之乱造成中原地区大规模战争不断，加上北方少数民族纷纷南下建立政权，最终酿成永嘉之乱，晋元帝从洛阳迁都建康（今南京），中原汉族士族臣民相随难逃。这是中原汉人第一次大规模南迁，虽然此时的浙闽地区依旧人烟稀少，但是政治中心的南移使得东南地区更容易接触到中原地区的先进文化，加速了土著民与汉民族的融合。

唐末五代十国南迁：唐安史之乱后，国势渐衰，后藩镇割据，黄巢起义，朱温篡权，北方少数民族的入侵，使得中原地区再次陷入混乱。浙闽地区的南唐和闽越国在李昪和王审知的统治下保持了较长时间的和平，社会生产发展迅速，同时政府轻徭薄役，劝课农桑，鼓励商业，形成了和平安定的社会环境，促进了经济文化的繁荣，成为饱经战乱的中原文人士大夫的理想栖身之所。[①]大量北方移民涌入，形成了中原汉人又一次大规模的南迁，南方地区与北方中原的人口差距开始缩小，甚至有学者认为此时南北人口已经接近均衡。

中晚唐至五代十国的这次南迁，一定程度上造就了浙闽地区的经济和人文基础，闽海民系也是在这一时间段形成的。

宋室南迁：1126 年（靖康元年）金兵攻克北宋都城汴梁，次年三月立张邦昌为楚帝，掳走徽钦二帝，北宋灭亡。后赵构迁都临安（今杭州）建立南宋，中原汉族再次大量向南方迁移。后蒙古军又占领中原，使得中原地区破坏严重，而南方的发展使得中国的经济中心由中原地区转移到了江南地区。

宋室南迁使得东南地区的文化走向成熟。浙闽地区的建筑文化迄今依然保留着许多宋代官式建筑的元素。

朱棣迁都：如果说以上四次都是北方移民南迁和文化的向南传播，那么明成祖朱棣将明朝首都从南京迁到北京则可以说是南方文化向北方的逆传播。

明朝初期，江南地区相较北方更为发达，以至于北京故宫的兴建，所用的工匠都来自江南地区。这使得南方文化得以向北方逆传播，而这一逆传播给北方带去的已经不再是当初衣冠南渡时的北方文化，而是经过了南北融合后的新文化，从某种意义上说，这次中国政治中心的转移，很可能使得汉文明的主体中掺入了南方土著的基因。

恰恰是这一逆传播的过程，使得在今天的北方，可以看到一些南方的文化要素，也恰恰是这一逆传播的过程，加大了了解文化传播过程的难度。

---

① 欧阳修《新五代史·南唐世家》："（李）昪独好学，接礼儒者，能自励为勤俭，以宽仁为政，民稍誉之。"薛居正《旧五代史·卷百三十四·僭伪列传》："（王）审知起自垅亩，以至富贵。每以节俭自处，选任良吏，省刑惜费，轻徭薄敛，与民休息。三十年间，一境晏然。"

（3）闽越族

远古时代，居住在浙闽地区的原始人类属于海洋蒙古利亚人种。这些原始人类在距今三千多年以前（相当于中原的夏商时期），已经创造出灿烂的独具特色的原始文化——闽文化。到了周朝，形成七个大部落，史称"七闽"。与"七闽"关系较密切的是浙江的于越族。在越王允常时期，于越族有人进入福建定居。于越首领无诸统一"七闽"，自称闽越王。原先比较落后的七闽迅速发展成为百越诸族中最强大的一支，后来，七闽和于越族融合而形成闽越族。七闽的分布，除今福建、台湾外，还包括浙江南部（古代温、台、处三州）、赣东地区以及广东的潮梅地区。这与浙闽地区的区域范围基本吻合。①

浙闽地区最古老的闽越族，随着汉武帝灭闽越国而逐渐与汉人同化。今天闽越族这一族群已经不复存在，浙闽地区也不存在对闽越族的民族认同，但闽越的文化或多或少依旧保留了下来。

（4）畲族

畲族是东南地区唯一的少数民族。使用的语言为畲语，属于苗瑶语族。畲族有90%以上居住在福建、浙江广大山区，其余散居在江西、广东、安徽等省。畲族自称"山哈"，意为山里的客人。唐代，居住在福建、广东、江西三省交界地区的包括畲族先民在内的少数民族被泛称为"蛮""蛮僚""峒蛮"或"峒僚"。南宋末年，史书上开始出现"畲民"和"拳民"的族称。"畲"（shē），意为刀耕火种，说明早期的畲族人过着刀耕火种的生活。

关于畲族的起源，有很多种说法。②主要分为两说，一种说法认为畲族为外来移民，源于汉晋时代长沙的"武陵蛮"等；另一种说法认为畲族为浙闽地区土著的后代。总之，畲族作为浙闽地区唯一的少数民族，在某种程度上继承了浙闽地区的土著文化。同时，他们无疑也受到了许多外来文化的影响，同这里的汉族一样，是受多种文化影响复合而成的民族。

方言系统

浙闽地区的方言是由该地区土著的百越语言与历代中原汉族移民语言不断交融而成的，因而产生了丰富多彩的方言。浙闽地区的方言系统主要分为吴语、闽语和客家话三大类。吴语系统又可以分为太湖片、台州片、瓯江片、婺州片、处衢片与宣州片六个次方言区；闽语系统中也可以分出闽北区、闽东区、莆仙区、闽南区、闽中区与

---

① 杨琮.闽越国文化[M].福州：福建人民出版社，1998.
② 雷文先.畲族历史与文化[M].杭州：浙江人民出版社，1995.

邵将区六个次方言区（广东雷州半岛与海南的闽语区除外）；客家话则流行在福建西南与浙江西南的山区中。

吴语与古代汉语十分接近，其八个声调更是直接继承了古代汉语的特征。比起现在通行的普通话，现代吴语保留了更多的古代发音，发音和语法也与《切韵》《广韵》等古代韵书的记载一致。吴语的发音、声调、语法与现代汉语普通话有很大的差别，吴语与普通话之间无法相互理解。不仅如此，在吴语方言不同方言片区之间也有很大的差异，如北部吴语区（太湖片）与金华（婺州片）之间尚能沟通，而与温州地区瓯江片的吴语方言则完全无法互相理解。吴语次方言区分布如下：

——太湖片：常州、无锡、苏州、上海、杭州、绍兴、宁波等；

——台州片：台州等；

——瓯江片：永嘉、平阳、文成等；

——婺州片：东阳、兰溪、永康等；

——处衢片：衢州、丽水、上饶、浦城等；

——宣州片：铜陵、泾县、高淳等。

闽语源于古代吴语，也经历了古代汉语与古代闽越方言不断融合的过程。在漫长的历史中，北方汉族移民带来的汉族语言要素不断累加，使得闽语比历史上任何时期的汉族语言都复杂。根据王育德的研究[①]，以闽语厦门话为例，按照斯瓦迪士核心词列表（Swadesh list）中的 200 个单词进行比较，厦门话与北京话的相似性（同源词汇）仅有 48.9%，比德语与英语的 58.5% 还要疏远；与吴语苏州话的相似性有 51.40%；与广东话的相似性有 55.31%；与比较接近的客家话相似性也仅有 58.65%。中国其他的语言学家（邓晓华、李如龙、倪大白等）的研究[②]也表明，汉语并非单一语源，而在闽语方言中，则存在着更多异质的特性。

在浙闽地区的闽语中，又可以进一步区分出六个次方言区，其中包括分类尚不明确的邵将区。在不同的次方言区，即使是相同的词汇，其发音的差别也很大。因此，他们互相对话的困难极大。

——闽北区：建瓯、松溪、政和、建阳、崇安等；

——闽东区：福州、福清、古田、福安、泰顺（蛮话）等；

——莆仙区：莆田、仙游等；

——闽南区：厦门、泉州、漳州、龙岩、潮州、雷州、海口、台南、温州南部等；

① 王育德 . 中国五大方言的分裂年代的语言年代学试探 [J]. 当代语言学，1962（8）：14-16.

② 邓晓华 . 古南方汉语的特征 [J]. 古汉语研究，2000（3）：2-7. 李如龙 . 汉语方言的比较研究 [M]. 上海：商务印书馆，2001. 倪大白 . 侗台语概论 [M]. 北京：中央民族学院出版社，1990.

  ——闽中区：永安、三明、沙县等；

  ——邵将区：邵武、光泽、建宁、泰宁，为闽语和赣语的混合方言；顺昌、将乐、明溪则是闽、赣、客家三种方言的混合。

  客家话因客家人的民系认同而生，继承了较多古汉语的发音特性。浙闽地区的客家人主要有两支，大部分分布在闽西南的长汀、上杭、连城、武平、永定、宁化、清流一带，与闽南话有一定的交融；小部分因客家人从汀州迁徙到浙江丽水、云和一带而形成，这一部分客家方言今天仍然保持了汀州口音，而且对当地畲语、吴语产生了一定的影响。

独特的东南地域文化

  （1）浙闽地区汉族的文化

  华南各地居住的多彩的土著民们，最终受到汉族迁徙的影响，融入汉族统称的"南蛮"和"百越"，经过同化和融合，最终演化成了汉族的一部分。这样，华南汉族的文化，就是在南方土著文化的基础上形成的，与华北汉族在语言和文化独立性上有很大的区别。

  语言、文化的差异不仅仅在华北与华南之间，华南内部在语言和习俗上也有很大的地域差异。比如相邻的浙江（吴）和福建（闽），方言的差异使人们完全无法沟通。同样是福建省，闽江以北的闽北语和闽江以南的闽南语也不能互相理解。这种强烈的地域差异，反映出被汉族同化、吸收的土著文化的多样性和顽强的生命力。

  近年来，像华南汉族（闽南人、闽北人、广东人、客家人等）这样的地方集团被叫作"民族集团"（ethnic group），出现了很多从人类学"民族特征"（ethnicity）的观点出发议论的研究。这里所说的民族特征就是民族的身份特征（ethnic identity）的略称，指某个民族集团表现出的整体性格特征。简要说来就是某个集团共有的"民族意识"，是区别自己集团与其他集团的指标性概念，而反之，拥有相同民族特征的集团，就是同一个民族集团，在中国，这种地方集团被称作"民系"。

  汉民族发源于黄河流域，并不断向四面八方发展，在与各地土著居民的不断融合过程中，逐渐在不同的地域演变成各自独立的民系。现在汉族依旧存在着七大民系（北方两个，南方五个）。罗香林早在20世纪30年代就将汉族分为北系和南系两大支脉。"北系"就是通常所说的北方人，也就是中原汉人；而"南系"则是由于汉人南迁而形成的南方各大民系的总称。"南系"汉人可以分为五个分支——越海系（吴语）、湘赣系（湘语、赣语）、广府系（粤语）、闽海系（闽语）和客家系（客家语）。[①]

---

① 罗香林.客家研究导论 [M].台北：古亭书店，1975.

关于这五大民系的形成时间，罗先生认为五大民系都形成于唐末至五代十国时期。而王东认为越海系形成最早（不晚于南朝），客家系最晚（明中期），其余为五代十国时期。也有学者如林嘉书认为，南方民系不仅同源，还有着共同的由北向南的移民史。[①]

（2）越海系与闽海系

闽海系使用的闽语是早期迁徙闽地的变种吴语，闽越当有更为亲近的亲缘关系。越海民系与闽海民系的内部也可以继续细分。

浙东与浙西的不同在史料上也有所记载，明代浙江台州籍地理学家王士性（1547—1598）在《广志绎》中说："两浙东西以江（钱塘江）为界而风俗因之。"并将浙江地区的风俗人情进一步分为杭、嘉、湖——平原水乡的泽国之民，金、衢、严——丘陵险阻的山谷之民与宁、绍、台、温——连山大海的海滨之民三个区系。

根据北方汉人进入福建的时间和路线，可以将福建分为东部沿海和西部山区两大片。前者包括闽东、闽南和莆仙地区，后者包括闽北、闽西、闽中等地。这两片的分界恰好与晋代晋安郡和建安郡的分界重合，这与历史、交通、地理密切相关。福建的开发主要来自两个方向：一个方向是由海路迁入，这些北方移民先在各江河出海口定居，建立一系列县城，合称晋安郡，继而沿河谷向内地推进；另一个方向是由陆路从江西、浙江翻过武夷山、仙霞岭进入福建，在闽江上游各流域设县，组成建安郡。两郡之间长期没有大规模的交流和接触，其间未开化的土地直到唐代才逐渐消失。[②]因此，所谓的福建核心区的文化，某种意义上就是海路迁入福建的移民创造的文化。

浙闽地区的地域集团

本书采用两种区域划分方法来划分浙闽地区的各地域集团。一个是利用中国现行的行政区划，按照省·自治区·直辖市→市→县·县级市·区→镇·乡·街道→村的顺序。浙闽地区所包含的市级行政区划有：浙江省的绍兴市、宁波市、台州市、温州市、丽水市、金华市、衢州市；福建省的宁德市、福州市、南平市、三明市、龙岩市、莆田市、泉州市、厦门市、漳州市；广东省的潮汕都市圈（潮州市、汕头市、揭阳市）。另一个是以自然环境与方言文化等要素为基础的区域划分方法，可以将浙闽地区分为：

---

① 王东. 客家学导论 [M]. 上海：上海人民出版社，1996. 林嘉书. 对"客家迟来"说的再研究 [C]// 国际客家学研讨会论文集. 香港：香港中文大学，1994.

② 戴志坚. 福建民居 [M]. 北京：中国建筑工业出版社，2009：35.

闽系（以闽语为主要语言）

福建省

——闽东地区：讲闽东话的福州市与宁德市；

——莆仙地区：讲闽语莆仙话的莆田市；

——闽南地区：讲闽南话的泉州市、漳州市、厦门市以及龙岩市的东部；

——闽中地区：讲闽中话的三明市；

——闽北地区：讲闽北话、闽语邵将话的南平市与三明市的一部分；

广东省

——潮汕地区：讲闽南话的潮州市、汕头市、揭阳市。

浙系（以南部吴语方言为主要方言）

浙江省

——浙东地区：宁波市和台州市；

——浙南地区：温州市与丽水市一部；

——浙西地区：衢州市；

——浙中地区：金华市与丽水市北部。

其他

——闽西客家地区：讲客家话的三明市西南部与龙岩市西部。

在同一个地域集团内，有着相近的自然条件（往往是同一河流流域）和语言、习俗、文化传统，建筑文化也比较接近。

1.2 传统聚落

浙闽传统聚落

传统风土建筑独栋立于乡野、不与其他住宅形成聚落的情况也有，但大部分以聚落的形式存在。近年来，随着现代化进程，传统聚落的历史景观不断被破坏，现存的完整传统村落已经很少。本书选取了"传统村落"与"历史文化名村"[1]两个名录中的相关村落作为主要对象（表1.1）。

---

[1] 根据中华人民共和国住房和城乡建设部与国家文物局在2003年10月8日公布的《中国历史文化名镇（村）评选办法》由各级政府指定的传统聚落。聚落基本情况也基本参照公布的《中国历史文化名镇（村）》名录。

表 1.1　传统聚落

地域	编号	聚落	形态	创立年代	最初的业态	何时从何处迁徙而来	氏族
闽东	S01	福州市三坊七巷	城市街坊	宋	高级住宅区	*	
	S02	福安楼下村	盆地平原村落	清	农业（茶）	五代从江苏徐州迁至临村苏阳、清代从苏阳迁来	刘氏
	S03	宁德霍童镇	沿河集镇	隋唐	商贸、水运物流	隋大业九年（613）从固始（今河南固始）迁来	黄氏等
	S04	霞浦半月里村	溪谷村落	清中期	外出行商	从县内的盐田乡迁来	雷氏
	S05	福安坦洋村	溪谷村落	明末	农业（茶）	不明	王、施氏等
	S06	福安廉村	沿河村落	南北朝	渔业、商贸	南朝梁天坚年间（502—519）从江南迁来	陈氏
	S07	尤溪桂峰村	山地村落	南宋	驿站	南宋淳祐七年（1247）兴化（莆田）仙游迁来	蔡氏
	S08	罗源梧桐村	溪谷村落	清初	农业（稻）	宋代从固始迁至（宁德）古田、清初从古田迁来	黄氏
	S09	周宁浦源村	盆地平原村落	南宋	物流贸易	南宋嘉定二年（1209）（河南）开封迁来	郑氏
	S10	屏南漈头村	溪谷村落	876 年	驿站	不明	张氏
	S11	屏南漈下村	溪谷村落	1437 年	驿站	不明	甘氏
	S12	永泰嵩口镇	沿河集镇	宋	市场、水运物流	不明	混杂
闽南	S13	南安漳里村	平原村落	1862 年	海外经商	从菲律宾归国	蔡氏
	S14	德化承泽村	山地村落	宋	农业（稻）木材	南宋绍兴年间（1131—1162）从莆田迁来	黄氏
闽中	S15	永安贡川镇	沿河村落	741 年	竹笋贸易	唐开元二十九年（741）从吴兴（浙江湖州）迁来	陈氏
闽西客家	S16	连城芷溪村	沿河村落	元明	集市、水运	不明	客家
	S17	连城培田村	沿河村落	1344 年	官道驿站	元至正八年（1344）从浙江迁来	吴氏
	S18	南靖石桥村	溪谷村落	明	农业（稻）	明正统八年（1443）从潮州大埔迁来	张氏
闽北	S19	浦城观前村	沿河村落	宋	水运物流	不明	周、张、叶氏等
	S20	武夷山下梅村	平原村落	唐宋	农业（稻）茶叶贸易	江西、浙江迁来的氏族较多	混杂
	S21	邵武平和镇	城市街坊	唐	曾为县治所	*	
	S22	光泽崇仁村	沿河村落	唐	水运物流	江西迁来的氏族较多	混杂
浙东	S23	诸暨斯宅村	溪谷村落	不明	外出经商	不明	斯氏
	S24	宁波市月湖西区	城市街坊	唐	商业街	*	
	S25	黄岩区司厅巷	城市街坊	唐宋	高级住宅区	*	

续表

地域	编号	聚落	形态	创立年代	最初的业态	何时从何处迁徙而来	氏族
浙南	S26	永嘉埭头村	溪谷村落	元末	农业（稻）	不明	陈氏
	S27	永嘉芙蓉村	沿河村落	宋	农业（稻）	南宋从（河南）开封迁来	陈氏
	S28	景宁小佐村	山地村落	南宋	林业	严州（浙北）迁来	严氏
	S29	文成梧溪村	溪谷村落	1209年	农业（稻）	宋代从河南迁至邻村泉谷后迁至梧溪	富氏
	S30	乐清黄檀洞村	溪谷村落	宋	农业（染料）	不明	卢氏
	S31	平阳坡南街	城市街坊	283年	商业街	*	
	S32	平阳青街镇	溪谷村落	明	农业（稻）	明万历年间（1573—1620）从福建迁来	池、李氏等
	S33	苍南碗窑村	山地村落	明末	制瓷	明末福建连城迁来	巫、朱氏等
	S34	泰顺百福岩村	溪谷村落	清中期	不明	临县景宁迁来	周氏
浙西	S35	江山廿八都镇	盆地平原集镇	1071年	物流、驿站	全国各地迁来	混杂
	S36	衢州峡口镇	盆地平原集镇	不明	物流、驿站	不明	混杂
浙中	S37	武义俞源村	溪谷村落	南宋	农业（稻）	从临县松阳迁来	俞氏
	S38	武义郭洞村	溪谷村落	元末	农业（稻）、林业	武义县城迁来	何氏
	S39	缙云河阳村	盆地平原村落	932年	农业（稻）	温州永嘉县迁来	朱氏

* 城市街坊一般不是氏族历代聚居的场所。

聚落形态

浙闽地区由于其多山的自然条件，聚落也往往因地制宜，呈现出较为自由的平面布局，极少出现像北方平原村落那样整齐排列、几乎所有住宅都朝南的状态。从浙闽地区传统聚落的整体形态来看，主要可以分为平原聚落、沿河聚落、溪谷聚落和山地聚落四种（图1.2）。

平原聚落也包括盆地中的聚落，网格状的道路系统居多，住宅基本上按照统一的朝向排列，与北方的平原聚落比较相似。

沿河聚落主要沿河布置，道路一般与河流一起蜿蜒曲折，然而住宅的布局依旧是比较整齐的（图1.3）。

溪谷聚落一般沿着较小的河流布置。与沿河聚落不同，这里的河流不具备水运交通的能力，一般仅能提供生活、生产用水。故溪谷村落一般不易形成商业，多为单一氏族纯居住的小型村落。溪谷聚落由于一般坡地较多，平地较少，多将平地开垦为农田而住宅多在坡地上展开。因此，平面布局一般根据坡地的等高线而布置。

山地聚落与溪谷聚落类似，然而地形更为复杂。建筑物多位于陡坡上，因此对坡地进行人工改造，削山形成层层台地，进而布置建筑的情况非常多见。古山地聚落与溪谷聚落一样，大多造型自由，不像平原聚落的建筑采用几乎统一的朝向（图1.4）。

福州市三坊七巷　　　　　　　宁波市月湖西区

图 1.2　城市传统街坊的形态①

缙云县河阳村　　　　　　　　武夷山市下梅村

图 1.3　平原聚落与沿河聚落

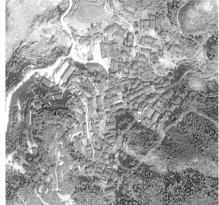

罗源县梧桐村　　　　　　　　尤溪县桂峰村

图 1.4　溪谷聚落与山地聚落

① 本书中航拍图均来自谷歌地图。

历史与现状

浙闽传统聚落，大多为唐宋时期中原汉族移民所建，在南宋至明由于沿海贸易的发展，商品经济发达，该地区发展迅速。而由于清代的海禁，浙闽地区急剧衰落。到民国时期，虽然出现了宁波、福州、厦门等重要的开埠港口，但浙闽地区大多已经沦为经济欠发达的地区。也就是说，今天的浙闽传统村落，大多都经历了创立→繁荣→衰落的过程，这些村落由于经济落后，没有跟上现代化的大潮，反而留下了古朴的历史景观。

浙闽传统村落的创立年代，大多集中在唐宋之间，这与唐宋时期汉人南下的移民潮以及浙闽地区人口迅速增加的时间是一致的，东南沿海的传统村落有可能保留了中国中古时期的景观和文化传统。

因海外贸易的繁荣而兴，因迁界禁海与闭关锁国而衰，浙闽地区经历了历史的沧海桑田。改革开放以来，由于大量农民进城务工，城乡差距加大，乡村在一定时期内发展缓慢。而城市由于经济发展与人口"爆炸"，传统的城市历史中心逐渐沦为拥挤的棚户区，进而被拆除建成高层新区。因此不论城市还是乡村，传统街区、聚落都遭受了"灭顶之灾"。

主要业态

浙闽地区多山，耕地少，不利于农业发展。而唐宋开始的人口增长导致粮食缺乏，连自给自足都无法满足。于是从事商业、贸易的人口逐渐增加。商贸的发展使不同的聚落形成了各种各样的业态。[①]

（1）农林业

明清时期浙闽地区整体上存在着粮食不足的问题。主要粮食产区集中在浙东南的温州、台州平原地区和闽西北的南平、三明一带。温州和台州的余粮大多在宁波集散，然后由海路运往福建。明人王士性指出："台、温二郡……稻麦菽粟尚有余饶……闽福齿繁，常取给于温。"闽江上游的南平、三明一带（古代延平、邵武、建宁、汀州四府）也是主要的粮食产地，主要沿闽江向福州运粮。[②]而到清代，这些地区的粮食产量也急剧下降。

在山区，利用坡地种植茶树则是非常多见的。武夷山的红茶、福安的红茶、福鼎的白茶都是非常有名的茶叶品种，有些甚至在清代就远销英、法等国。

由于多山，林业也是主要的产业。木材、竹、造纸等相关产业在东南沿海非常发达。

---

① 福建省地方志委员会 . 福建省志 [M]. 北京：科学文献出版社，2012.
② 王士性 . 广志绎·卷四·江南诸省 [M]. 上海：上海古籍出版社，2013.

福建是明清时主要的木材产地，人工种植杉树、松树的记载也非常多见。

（2）商贸

浙闽地区自古以来一直是商贸发达的地区。今天，著名的温州商人、宁波商人、闽南商人在世界各地活跃，而明清时期也有龙游商帮、宁波商帮、福建商帮、潮州商帮等全国闻名的商人组织存在。他们不仅在国内从事贸易活动，也前往日本、朝鲜，以及东南亚各国开展海外贸易。

东南沿海的商贸活动主要是输出木材、茶叶、糖、瓷器、纸、竹木制品以及手工业产品，并输入粮食、布匹等生活必需品。由此可见，浙闽地区并非传统的自给自足的农业社会，而是高度发达的商品经济社会。

同村的人们一起去海外做生意，赚了钱再回故乡建宅立业，这是浙闽地区比较常见的模式。宁波人、福州人一般去日本、朝鲜闯荡。闽南人则多在东南亚打拼。由于西方殖民者在东南亚的存在，使得浙闽地区的建筑文化中也多了许多西方的元素。

聚族而居

浙闽传统村落一般采用聚族而居的模式，通常一个村落只有一个姓氏，同宗的村民占有土地，开展生产、经济活动。外姓人客居于此，一般只会从事一些服务行业。村落的中心常有一座宗祠，祭祀全村共同的祖先。有些较大规模的村落也可能会有两个或多个氏族，而每个氏族都会有自己相对应的宗祠。

为了维持聚族而居，每个宗族都有一族共有的公共财产，一般被称作"族产"。族产包括土地、山林、建筑、渡口等生产资料或设施，而其产生的收入都归宗族共有。这些收入一方面用于宗族日常事务，或重要活动的开支；另一方面也用来资助生活贫困的族人，一些较富裕的村落还会利用族产开设义庄，收留贫穷的族人（也有收留外人的）从事生产，可以说是一种利用族产的投资行为。

聚族而居，最重要的宗族事务就是祖先的祭祀活动，宗族成员的分家以及家谱的编纂活动。因此，浙闽地区的传统聚居方式就是基于"宗祠""族产""家谱"的模式，这种模式稳定而持续，使许多传统村落可以延续千年至今。

1.3　风土建筑

浙闽地区的风土建筑

本书选取了15世纪至中华人民共和国成立前的明、清、民国三代浙闽地区风土建筑293例。其中37例为笔者实地调研案例，其余256例取自相关参考文献（表1.2）。

表 1.2　浙闽传统风土建筑案例一览

区域	编号	案例	建造年代	建造者	建筑类型	家族形态	现状
	001	福州埕宅 [1]	–	–	城市住宅	–	–
	002	福州扬岐游宅 [1]	民国	–	独立住宅	–	–
	003	福州宫巷刘宅 [1]*	清	文人官僚	城市住宅	–	博物馆
	004	福州某宅 [1]	–	–	–	–	–
	005	永泰李宅 [1]	–	–	独立住宅	–	–
	006	古田松台某宅 [1]	–	–	–	–	已毁
	007	古田张宅 [1]	–	–	–	–	–
	008	古田利洋花厝 [1]	–	–	–	–	–
	009	古田沽洋陈宅 [1]	–	–	–	–	–
	010	古田吴厝里某宅 [1]	–	–	–	–	–
	011	古田凤埔某宅 [1]	–	–	–	–	–
	012	古田于宅 [1]	–	–	–	–	–
	013	福安茜洋桥头某宅 [1]	–	–	村落住宅	–	住宅
	014	闽清东城厝 [1]	–	–	–	–	住宅
	015	福安楼下保合太和宅 [3]	清中期	农民	村落住宅	三代家庭	住宅
	016	福安楼下两兄弟住宅 [3]	清中期	农民	村落住宅	两家族共用	住宅
	017	福安楼下王炳忠宅 [3]	清中期	农民	村落住宅	三代家庭	住宅
	018	福州宫巷沈宅 [2]	明末	文人官僚	城市住宅	三代家庭	住宅
	019	福州文儒坊陈宅 [2]	清	文人官僚	城市住宅	三代家庭	住宅
	020	福州衣锦坊欧阳宅 [2]	1890 年	盐商	城市住宅	三代家庭	住宅
闽东地区	021	福鼎白琳洋里大厝 [2]	1745 年	商人吴氏	独立住宅	大家族	博物馆
	022	闽清坂东岐庐 [2]	1853 年	乡绅	独立住宅	大家族	–
	023	宁德霍童下街陈宅 [2]	清中期	–	村落住宅	三代家庭	住宅
	024	宁德霍童黄宅 [2]	清中期	–	村落住宅	三代家庭	住宅
	025	宁德霍童下街 72 号 [2]	清中期	–	村落住宅	三代家庭	住宅
	026	霞浦半月里雷世儒宅 [2]	1848 年	乡绅	村落住宅	三代家庭	住宅
	027	霞浦半月里雷位进宅 [2]*	清中期	乡绅	村落住宅	核心家庭	住宅
	028	福安坦洋王宅 [2]	清末	–	村落住宅	三代家庭	住宅
	029	福安坦洋郭宅 [2]	清末	–	村落住宅	三代家庭	住宅
	030	福安坦洋胡宅 [2]	清末	–	村落住宅	核心家庭	住宅
	031	福安廉村就日瞻云宅 [2]	清中期	乡绅	村落住宅	三代家庭	住宅
	032	福安廉村甲算延龄宅 [2]	清末	乡绅	村落住宅	三代家庭	住宅
	033	尤溪桂峰楼坪大厅大厝 [2]	清初期	商人	村落住宅	三代家庭	住宅
	034	尤溪桂峰后门山大厝 [2]	明末	商人	村落住宅	三代家庭	住宅
	035	尤溪桂峰后门岭大厝 [2]*	1747 年	–	村落住宅	三代家庭	住宅
	036	福清一都东关寨 [2]	1736 年	村人共建	独立住宅	大家族	住宅
	037	闽清某宅 [6]	–	–	–	–	–
	038	闽清宏琳厝 [6]	1795 年	药材商人	独立住宅	大家族	部分活用
	039	尤溪某农家 [6]	–	–	–	–	–
	040	罗源梧桐五鱼厝 [8]	清初期	农民	村落住宅	三代家庭	住宅
	041	罗源梧桐水仙关 [8]	清中期	农民	村落住宅	三代家庭	住宅
	042	罗源梧桐孔照厝 [8]	清中期	乡绅	村落住宅	三代家庭	住宅
	043	罗源梧桐旗杆里 [8]	民国	乡绅	村落住宅	三代家庭	住宅

续表

区域	编号	案例	建造年代	建造者	建筑类型	家族形态	现状
闽东地区	044	周宁浦源郑宅 *	清末	–	村落住宅	三代家庭	部分活用
	045	屏南漈头张宅 *	清	–	村落住宅	三代家庭	住宅
	046	屏南漈下甘宅 *	明末	乡绅	村落住宅	三代家庭	住宅
	047	屏南漈下某宅 *	明末	–	村落住宅	–	废弃
	048	尤溪桂峰蔡宅 *	清	农民	村落住宅	三代家庭	住宅
	049	永泰嵩口垄口祖厝 *	1768 年	商人	村落住宅	三代家庭	住宅
	050	福鼎西阳陈宅 *	–	农民	村落住宅	三代家庭	住宅
莆仙地区	051	涵江林宅 [1]	1940 年	商人	–	三代家庭	住宅
	052	莆田江口某宅 [1]	–	–	–	–	–
	053	仙游陈宅 [1]	明末	–	–	–	–
	054	仙游榜头仙水大厅 [2]	1446 年	乡绅	独立住宅	大家族	住宅
	055	涵江江口佘宅 [2]	–	–	–	–	–
	056	仙游仙华陈宅 [2]	–	–	–	–	–
	057	仙游枫亭陈和发宅 [2]	–	–	–	–	–
	058	仙游坂头鸳鸯大厝 [2]	1911 年	侨商	村落住宅	两家族共用	住宅
	059	莆田大宗伯第 [2]	1592 年	–	城市住宅	–	住宅
闽南地区	060	永春郑宅 [1]	1910 年	–	–	–	–
	061	漳平上桂林黄宅 [1]	清中期	–	–	–	–
	062	漳平下桂林刘宅 [1]	民国	–	–	–	–
	063	泉州吴宅 [1]	清中期	–	独立住宅	大家族	–
	064	泉州蔡宅 [1][2]	1904 年	侨商	城市住宅	三代家庭	住宅
	065	泉州某宅 [1]	–	–	城市住宅	–	–
	066	泉州黄宅 [1]	–	–	–	–	–
	067	晋江青阳庄宅 [1][2]	1934 年	侨商	–	–	–
	068	晋江某宅 [1]	–	–	–	–	–
	069	晋江大伦蔡宅 [1]	–	–	–	–	–
	070	集美陈宅 [1]	–	侨商	–	–	–
	071	集美陈氏住宅 [1]	–	–	–	–	–
	072	漳州南门某住宅 [1]	–	–	–	–	–
	073	龙岩新邱厝 [1]	1888 年	–	城市住宅	–	博物馆
	074	泉州亭店杨阿苗宅 [1][2]	1894 年	侨商	村落住宅	–	博物馆
	075	南安官桥蔡资深宅 [2]	清	侨商	村落住宅群	大家族	住宅
	076	泉州泉港黄素石楼 [2]	1741 年	–	村落住宅	大家族	住宅
	077	南安石井中宪第 [2]	1728 年	商人	村落住宅	大家族	住宅
	078	漳浦湖西蓝廷珍宅 [2]	清中期	将军	独立住宅	大家族	住宅
	079	漳州官园蔡竹禅宅 [2]	清中期	–	–	–	–
	080	厦门鼓浪屿大夫第 [2]	1796 年	–	独立住宅	–	–
	081	漳浦湖西赵家堡 [2]	明末	前朝皇室	独立住宅	大家族	住宅
	082	德化硕杰大兴堡 [2]	1722 年	商人	独立住宅	大家族	住宅
	083	华安岱山齐云楼 [2]	1862 年	–	–	–	–
	084	华安大地二宜楼 [2]	1740 年	–	独立住宅	大家族	住宅
	085	漳浦深土锦江楼 [2]	1791 年	–	独立住宅	大家族	住宅
	086	晋江石狮镇某宅 [6]	–	–	–	–	–

续表

区域	编号	案例	建造年代	建造者	建筑类型	家族形态	现状
闽南地区	087	晋江大伦乡某宅 [6]	–	–	–	–	–
	088	龙岩适中太和楼 [6]	–	–	–	–	–
	089	龙岩毛主席旧居 [6]	–	–	–	–	–
	090	龙岩适中典常楼 [13]	1784 年	村人共建	独立住宅	大家族	住宅
	091	南安湖内村土楼 [9]	清末	–	独立住宅	–	住宅
	092	南安炉中村土楼 [9]	1857 年	–	独立住宅	–	废弃
	093	南安南厅映峰楼 [9]	明末	–	独立住宅	–	住宅
	094	南安朵桥聚奎楼 [9]	清中期	–	独立住宅	–	部分活用
	095	南安铺前庆原楼 [9]	清	–	独立住宅	–	废弃
	096	安溪玳瑅德美楼 [9]	民国	–	独立住宅	大家族	住宅
	097	安溪山后村土楼 [9]	清	–	独立住宅	–	废弃
	098	安溪玳瑅联芳楼 [9]	清末	–	独立住宅	–	废弃
	099	德化承泽黄宅 *	民国	农民	村落住宅	核心家庭	住宅
	100	德化格头连氏祖厝 *	1508 年	乡绅	村落住宅	–	宗祠
闽中地区	101	永安西洋邢宅 [1]	–	–	–	–	–
	102	三明莘口陈宅 [1]	–	–	–	–	–
	103	三明魏宅 [1]	民国	–	–	–	–
	104	三明列西罗宅 [1]	–	–	–	–	–
	105	三明列西吴宅 [1]	–	–	–	–	–
	106	永安小陶某宅 [1]	–	–	–	–	–
	107	永安安贞堡 [1][2][3]*	1885 年	商人	独立住宅	大家族	博物馆
	108	沙县茶丰峡孝子坊 [2]	1829 年	乡绅	–	–	–
	109	三元莘口松庆堡 [2]	清中期	–	独立住宅	–	–
	110	沙县建国路东巷 29 号 [2]	清末	–	城市住宅	–	–
	111	沙县东大路 72 号 [2]	清末	–	城市住宅	–	–
	112	永安贡川机垣杨公祠 [2]	1778 年	–	–	–	–
	113	永安贡川金鱼堂 [2]	1624 年	–	村落住宅	–	–
	114	永安贡川严进士宅 [2]	明末	乡绅	村落住宅	–	–
	115	永安福庄某宅 [6]	–	–	–	–	–
	116	永安青水东兴堂 [14]	1810 年	村人共建	独立住宅	三代家庭	住宅
闽西客家地区	117	上杭古田八甲廖宅 [1]	–	–	–	–	–
	118	新泉张宅 [1]	–	–	–	–	–
	119	新泉芷溪黄宅 [1]	–	–	–	–	–
	120	新泉张氏住宅 [1]	–	–	–	–	–
	121	新泉望云草堂 [1]	–	–	–	–	–
	122	连城莒溪罗宅 [1]	–	–	–	–	–
	123	长汀洪家巷罗宅 [1]	–	–	–	–	–
	124	长汀辛耕别墅 [1]	–	–	–	–	–
	125	上杭古田张宅 [1]	–	–	–	–	–
	126	连城培田双善堂 [3]	清中期	–	村落住宅	–	–
	127	连城培田敦朴堂 [3]	–	–	村落住宅	–	–
	128	连城培田双灼堂 [3]	清末	商人	村落住宅	大家族	住宅
	129	连城培田继述堂 [3]	1829 年	商人	村落住宅	大家族	住宅

续表

区域	编号	案例	建造年代	建造者	建筑类型	家族形态	现状
闽西客家地区	130	连城培田济美堂[3]	清末	商人	村落住宅	三代家庭	住宅
	131	南靖石桥村永安楼[3]	16世纪	–	独立住宅	大家族	住宅
	132	南靖石桥村昭德楼[3]	–	–	独立住宅	大家族	住宅
	133	南靖石桥村长篮楼[3]	清	–	独立住宅	大家族	住宅
	134	南靖石桥村逢源楼[3]	–	–	–	–	住宅
	135	南靖石桥村振德楼[3]	–	–	–	–	住宅
	136	南靖石桥村顺裕楼[3]	1927年	侨商	独立住宅	大家族	住宅
	137	南靖田螺坑步云楼[2]	清初期	村人共建	独立住宅	大家族	住宅
	138	南靖梅林和贵楼[2]	1926年	–	独立住宅	大家族	住宅
	139	平和西安西爽楼[2]	1679年	村人共建	独立住宅	大家族	住宅
	140	永定高陂遗经楼[2]	1806年	–	独立住宅	大家族	住宅
	141	永定高北承启楼[2]	1709年	村人共建	独立住宅	大家族	住宅
	142	永定湖坑振成楼[2]	1912年	–	独立住宅	大家族	住宅
	143	平和芦溪厥宁楼[2]	1720年	村人共建	独立住宅	大家族	住宅
	144	南靖梅林怀远楼[2]	1909年	侨商	独立住宅	大家族	住宅
	145	永定高陂大夫第[2]	1828年	村人共建	独立住宅	大家族	住宅
	146	永定洪坑福裕楼[2]	1880年	–	独立住宅	大家族	住宅
	147	连城培田官厅[2][3]	明末	–	–	–	住宅
	148	连城培田都阃府[2]	–	–	–	–	已毁
	149	连城芷溪集鳣堂[2]	清初期	–	村落住宅		
	150	连城芷溪凝禧堂[2]	清末	–	村落住宅		
	151	连城芷溪绍德堂[2]	清中期	–	村落住宅		
	152	连城芷溪培兰堂[2]	清末	–	村落住宅		
	153	连城芷溪蹑云山房[2]	清末	–	村落住宅		
	154	永定抚市某宅[6]	–	–	–	–	
	155	永定鹊岭村长福楼[6]	民国	–	–	–	
闽北地区	156	建瓯伍石村冯宅[1]	–	茶农	–	–	
	157	建瓯朱宅[1]	–	–	–	–	
	158	浦城中坊叶氏住宅[3]	–	–	村落住宅	三代家庭	住宅
	159	浦城上坊叶氏大厝[3]	清	–	村落住宅	三代家庭	住宅
	160	浦城观前饶加年宅[3]	–	–	村落住宅	核心家庭	住宅
	161	浦城观前余天孙宅[3]	–	–	村落住宅	核心家庭	住宅
	162	浦城观前余有莲宅[3]	–	–	村落住宅	核心家庭	住宅
	163	浦城观前张宅[3]	–	–	村落住宅	三代家庭	住宅
	164	武夷山下梅邹氏大夫第[2]*	1754年	茶商	村落住宅	大家族	部分活用
	165	武夷山下梅儒学正堂[2]	清中期	乡绅	村落住宅	三代家庭	部分活用
	166	武夷山下梅参军第[2]	清中期	乡绅	村落住宅	三代家庭	住宅
	167	崇安郊区蓝汤应宅[6]	–	–	独立住宅	–	–
	168	南平洛洋村某宅[11]	–	–	–	–	–
	169	邵武中书第[12]	明末	–	城市住宅	–	博物馆
	170	邵武和平廖氏大夫第[12]	清末	文人官僚	城市住宅	三代家庭	住宅
	171	邵武金坑儒林郎第[12]	1632年	乡绅	村落住宅	–	
	172	邵武金坑16号李宅[12]	–	–	村落住宅	–	

续表

区域	编号	案例	建造年代	建造者	建筑类型	家族形态	现状
闽北地区	173	邵武金坑中翰第[12]	–	–	村落住宅	–	–
	174	邵武大埠岗中翰第[12]	–	乡绅	–	–	–
	175	邵武和平李氏大夫第*	清末	文人官僚	城市住宅	三代家庭	住宅
	176	宁化安远某宅[1]	–	–	–	–	–
	177	建宁丁宅[1]	–	–	–	–	–
	178	泰宁尚书第[1][2]	明末	文人官僚	城市住宅	大家族	博物馆
	179	光泽崇仁裘宅[2]	明末	–	村落住宅	–	–
	180	光泽崇仁龚宅[2]	明末	–	村落住宅	–	–
	181	邵武和平黄氏大夫第[2]	明	–	城市住宅	三代家庭	住宅
广东潮汕地区	182	潮州弘农旧家[7]	–	–	城市住宅	–	–
	183	揭阳新亨北良某宅[7]	–	–	–	–	–
	184	潮阳棉城某宅[7]	–	–	–	–	–
	185	棉城义立厅某宅[7]	–	–	–	–	–
	186	揭阳锡西乡某宅[7]	–	–	–	–	–
	187	潮州许驸马府[7]	传说为宋	–	城市住宅	–	博物馆
	188	潮州三达尊黄府[7]	明末	退休官僚	城市住宅	–	住宅
	189	潮阳桃溪乡图库[7]	–	–	–	–	–
	190	普宁洪阳新寨[7]	–	–	–	–	–
	191	潮安坑门乡扬厝寨[7]	–	–	–	–	–
	192	潮安象埔寨[7]	传说为宋	村人共建	村落住宅群	大家族	住宅
	193	潮州辜厝巷王宅[7]	–	–	–	–	–
	194	潮州王厝堀池墘饶宅[7]	–	–	–	–	–
	195	普宁泥沟某宅[7]	–	–	–	–	–
	196	澄海城关安庆巷某宅[7]	–	–	–	–	–
	197	潮州梨花梦处书斋[7]	清末	–	–	–	已毁
	198	澄海樟林某宅[7]	–	–	–	–	–
浙东地区	199	宁波张煌言故居[5]	–	–	–	–	–
	200	宁波庄市镇葛宅[5]	–	–	–	–	–
	201	庄市镇大树下某宅[5]	–	–	–	–	–
	202	奉化岩头毛氏旧宅[5]	–	–	–	–	–
	203	宁波走马塘村老流房[5]	–	–	–	–	–
	204	慈城甲第世家[5]	明末	乡绅	–	–	博物馆
	205	慈溪龙山镇天叙堂[5]	1929年	商人	–	–	–
	206	诸暨斯宅斯盛居[5]	清中期	商人	独立住宅	大家族	住宅
	207	诸暨斯宅发祥居[5]	1790年	商人	独立住宅	大家族	住宅
	208	诸暨斯宅华国公别墅[5]	–	–	独立住宅	三代家庭	住宅
	209	天台妙山巷怀德楼[5]	–	–	–	–	–
	210	天台城关茂宝堂[5]	–	–	–	–	–
	211	天台城关张文郁宅[5]	明末	退休官僚	城市住宅	三代家庭	住宅
	212	天台街头余氏民居[5]	–	–	–	–	–
	213	绍兴仓桥直街施宅[4]	–	–	–	–	–
	214	绍兴题扇桥某宅[4]	–	–	–	–	–
	215	绍兴下大路陈宅[4]	–	–	–	–	–

续表

区域	编号	案例	建造年代	建造者	建筑类型	家族形态	现状
浙东地区	216	宁波鄞江镇陈宅 [4]	–	–	–	–	–
	217	黄岩黄土岭虞宅 [4]	–	–	–	–	–
	218	黄岩天长街某宅 [4]	–	–	–	–	–
	219	天台紫来楼 [4]	清	–	–	–	–
	220	宁波月湖中营巷张宅 *	清	–	城市住宅	核心家庭	已毁
	221	宁波月湖天一巷刘宅 *	民国	–	城市住宅	三代家庭	已毁
	222	宁波月湖青石街闻宅 *	清	乡绅	城市住宅	核心家庭	已毁
	223	宁波月湖青石街张宅 *	清	乡绅	城市住宅	三代家庭	已毁
	224	黄岩司厅巷汪宅 *	民国	–	城市住宅	三代家庭	住宅
	225	黄岩司厅巷 16 号张宅 *	清末	–	城市住宅	三代家庭	住宅
	226	黄岩司厅巷 32 号洪宅 *	清	–	城市住宅	三代家庭	住宅
浙南地区	227	永嘉埭头陈宅 [5]	清末	–	村落住宅	三代家庭	住宅
	228	泰顺上洪黄宅 [5]	–	–	–	–	–
	229	平阳顺溪户侯第 [5]	清	–	–	–	–
	230	平阳腾蛟苏步青故居 [5]*	民国	农民	独立住宅	核心家庭	博物馆
	231	永嘉芙蓉村北甲宅 [10]	–	–	村落住宅	–	住宅
	232	永嘉芙蓉村北乙宅 [10]	–	–	村落住宅	–	住宅
	233	永嘉水云十五间宅 [10]	清末	乡绅	独立住宅	三代家庭	住宅
	234	永嘉花坛"宋宅" [10]	传说为宋	–	村落住宅	–	–
	235	永嘉埭头松风水月宅 [10]*	清	–	村落住宅	三代家庭	住宅
	236	永嘉蓬溪村谢宅 [10]	–	–	–	–	–
	237	永嘉林坑毛步松宅 [10]	–	–	–	–	–
	238	永嘉东占坳黄宅 [10]	–	–	–	–	–
	239	景宁小佐严宅 *	民国	农民	村落住宅	核心家庭	住宅
	240	景宁桃源某宅 *	清	–	村落住宅	三代家庭	住宅
	241	文成梧溪富宅 *	清末	–	村落住宅	大家族	住宅
	242	永嘉林坑某宅 *	–	农民	村落住宅	三代家庭	住宅
	243	永嘉埭头陈贤楼宅 *	清	–	村落住宅	三代家庭	住宅
	244	乐清黄檀洞某宅 *	–	农民	村落住宅	三代家庭	住宅
	245	平阳坡南黄宅 *	清	–	城市住宅	三代家庭	住宅
	246	平阳青街李氏二份大屋 *	清	–	村落住宅	大家族	住宅
	247	苍南碗窑朱宅 *	清	手工业者	村落住宅	核心家庭	住宅
	248	泰顺百福岩周宅 *	清	–	村落住宅	三代家庭	住宅
浙西地区	249	龙游丁家某宅 [5]	–	–	–	–	–
	250	龙游若塘丁宅 [5]	–	–	–	–	–
	251	龙游脉元龚氏住宅 [5]	–	–	–	–	–
	252	兰溪长乐村望云楼 [5]	明	–	–	–	–
	253	龙游溪口傅家大院 [5]	–	–	–	–	–
	254	松阳望松黄家大院 [5]	–	–	–	–	–
	255	江山廿八都丁家大院 [5]	–	–	村落住宅	三代家庭	住宅
	256	江山廿八都杨宅 [5]*	–	–	村落住宅	三代家庭	住宅
	257	松阳李坑村 46 号 [5]	–	–	–	–	–
	258	衢州峡口徐开校宅 [10]	1910 年	–	村落住宅	三代家庭	住宅

续表

区域	编号	案例	建造年代	建造者	建筑类型	家族形态	现状
浙西地区	259	衢州峡口徐瑞阳宅[10]	清末	–	村落住宅	三代家庭	住宅
	260	衢州峡口徐文金宅[10]	–	–	村落住宅	三代家庭	已毁
	261	衢州峡口郑百万宅[10]	清	退休官僚	村落住宅	三代家庭	住宅
	262	衢州峡口刘文贵宅[10]	清	退休官僚	村落住宅	三代家庭	住宅
	263	衢州峡口周树根宅[10]	民国	–	村落住宅	核心家庭	住宅
	264	衢州峡口周朝柱宅[10]	民国	–	村落住宅	核心家庭	住宅
	265	遂昌王村口某宅*	–		村落住宅	核心家庭	住宅
浙中地区	266	东阳白坦乡务本堂[4][5]	清	乡绅	村落住宅	核心家庭	住宅
	267	东阳史家庄花厅[5]	–		–	–	–
	268	武义俞源声远堂[5][10]	明末		村落住宅	三代家庭	住宅
	269	武义郭洞燕翼堂[5]	–		村落住宅	三代家庭	住宅
	270	磐安榉溪余庆堂[5]	–		–	–	–
	271	缙云河阳循规映月宅[5]	–		村落住宅	三代家庭	住宅
	272	缙云河阳廉让之间宅[5]	–		村落住宅	三代家庭	住宅
	273	东阳黄田畈前台门[5]	–		–	–	–
	274	义乌雅端容安堂[5]	–		–	–	–
	275	金华雅畈二村七家厅[5]	明		–	–	–
	276	东阳紫薇山尚书第[5]	–		–	–	–
	277	东阳六石镇肇庆堂[5]	明		–	–	–
	278	武义俞源裕后堂[5][10]	1785年		村落住宅	三代家庭	住宅
	279	武义俞源上万春堂[5]	–		村落住宅		住宅
	280	东阳湖溪镇马上桥花厅[5]	清		–		–
	281	东阳卢宅[5]	明		独立住宅	大家族	博物馆
	282	浦江郑氏义门[5]	清		独立住宅	大家族	博物馆
	283	建德新叶华萼堂[10]	明		村落住宅	三代家庭	住宅
	284	建德新叶种德堂[10]	民国		村落住宅	核心家庭	住宅
	285	建德新叶是亦居[10]	民国		村落住宅	核心家庭	住宅
	286	武义俞源玉润珠辉宅[10]	–		村落住宅		住宅
	287	武义郭洞新屋里宅[10]	明末		村落住宅		住宅
	288	武义郭上萃华堂[10]	–		村落住宅		住宅
	289	武义郭下慎德堂[10]	–		村落住宅		住宅
	290	东阳巍山镇赵宅[10]	–		–		–
	291	东阳水阁庄叶宅[10]	–		–		–
	292	东阳城西街杜宅[10]	–		城市住宅		–
	293	缙云河阳朱宅*	清		村落住宅	三代家庭	住宅

注："–"表示信息不明。
风土建筑案例的主要出处:
[1] 高鉁明,王乃香,陈瑜.福建民居[M].北京:中国建筑工业出版社,1987.
[2] 戴志坚.福建民居[M].北京:中国建筑工业出版社,2009.
[3] 李秋香,罗德胤,贺从容,等.福建民居[M].北京:清华大学出版社,2010.
[4] 中国建筑技术发展中心历史研究所.浙江民居[M].北京:中国建筑工业出版社,1984.
[5] 丁俊清,杨新平.浙江民居[M].北京:中国建筑工业出版社,2009.
[6] 黄为隽,尚廓,南舜薰,等.闽粤民宅[M].天津:天津科学技术出版社,1992.
[7] 陆琦.广东民居[M].北京:中国建筑工业出版社,2008.

[8] 黄晓云 . 闽东传统民居大木作研究 [D]. 北京：中央美术学院，2013.
[9] 洪石龙 . 泉州土楼及其类住宅设计模式 [D]. 厦门：华侨大学，2001.
[10] 李秋香，罗德胤，贾珺，等 . 浙江民居 [M]. 北京：清华大学出版社，2010.
[11] 郑玮峰 . 南平洛洋村传统民居研究 [J]. 福建建筑，2001（4）：19-21.
[12] 陈楠 . 邵武传统建筑形态与文化研究 [D]. 厦门：华侨大学，2012.
[13] 赵杰 . 福建土楼适中典常楼初探 [D]. 上海：同济大学，2006.
[14] 薛力 . 福建永安青水民居东兴堂初探 [J]. 建筑学报，2011. S1：112-118.
* 实地调研成果（参考附录）。

历史

　　浙闽地区传统村落的创始年代虽然都可以追溯到唐宋时期，但单体建筑建造的明确年代则集中在明清以来。这是因为浙闽地区随着唐宋时期南迁的移民而兴起，在宋元明时期东南沿海地区对外航海贸易的繁荣中兴盛，在清初迁界禁海的影响中衰退。正是这一历史过程，造成浙闽风土建筑残存了很多宋至明时期的建筑风格与技术，并在明清定格下来，延续至今。

　　本书研究的案例中，有建造年代信息的案例共 159 个。其中明代遗构 30 件，清代遗构 108 件，民国遗构 21 件。年代最早的是建于 1446 年的仙游榜头镇仙水大厅。最晚的是建于 1940 年的涵江林宅。当然，也有 3 个案例传说为宋代建造。而并无确证，因此本书不探讨宋元以前的浙闽风土建筑。

建筑形态

　　浙闽风土建筑根据建筑与聚落之间的关系，可以分为城市住宅，村落住宅和独立住宅三种形态。城市住宅为了应对城市狭窄的用地范围，平面一般根据用地形状布局，与邻家共用外墙的现象非常多见。村落住宅用地较为宽裕，平面受到文化传统的影响较多，但也不得不考虑与用地、道路、邻近建筑的关系。而独立住宅一般位于乡间广袤的农田中，甚至有些大型宅院自成村落，这些住宅的形态往往可以不受周边环境影响，平面受文化传统的影响最大。

　　然而，浙闽地区传统风土建筑呈现出来的却是从城市住宅到乡野别墅近乎相同的建筑形态与布局方式。也就是说，在浙闽地区，文化传统对建筑形态的影响是相当大的，这种影响超越了环境、地形与建筑现状的束缚，在相同的文化圈内，人们均倾向于使用近似的居住建筑形态（图 1.5，图 1.6）。

家族构成

　　浙闽传统风土建筑的家族构成与中国传统聚族而居的文化习俗相互关联。根据建筑的规模呈现出核心家庭、三代家庭、大家族三种构成方式。

　　核心家庭是最小的家族单位，一般由一对夫妇加上未婚的子女构成。子女结婚后

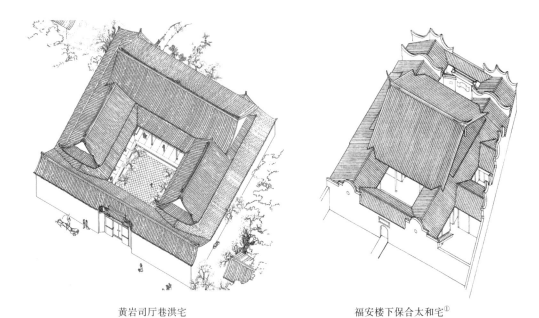

黄岩司厅巷洪宅　　　　　　　　　　　福安楼下保合太和宅①

图 1.5　小规模的城市住宅与村落住宅

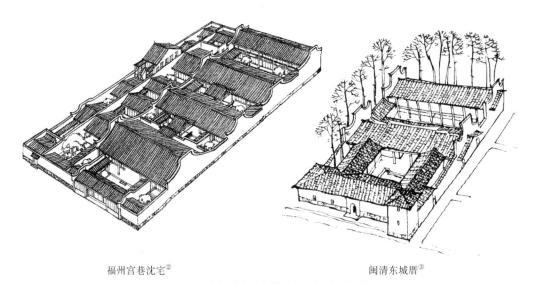

福州宫巷沈宅②　　　　　　　　　　　闽清东城厝③

图 1.6　大规模的城市住宅与乡间独立住宅

① 李秋香，罗德胤，贺从容，等 . 福建民居 [M]. 北京：清华大学出版社，2010：261.
② 戴志坚 . 福建民居 [M]. 北京：中国建筑工业出版社，2010：182.
③ 黄为隽，尚廓，南舜薰，等 . 闽粤民宅 [M]. 天津：天津科学技术出版社，1992：192.

便会离开家庭。女儿是出嫁，儿子结婚则需要另建新房。

　　三代家庭是最常见的家族构成方式，由具有直系血缘的核心家庭组合而成。主要由年长的父母为家长，掌管一切财产，处理大小事务。已婚的儿子、儿媳与孙辈、未婚的女儿为家庭成员三代同堂。而作为家长的父母去世后，子女们就会分家。在住宅面积足够时，分家仅意味着分灶，而在人口增加，住宅面积不足时，老宅则由嫡长子继承，其余男性已婚家庭成员则要另建新房。

　　具有相同祖先的人群聚居在一起就形成了大家族（宗族）。大家族包含了数个核心家庭与三代家庭，所有人以血缘关系为纽带联系在一起。因而，他们共同祭拜的祖先（宗祠）、明确的血缘关系（家谱）、家族维持的必要生产资料（族产）则是大家族维系的三个要素。大家族一般会推举家族中德高望重者或各个分支三代家庭的家长轮流做族长，而族长并没有独断的权力，更多事还是商议决定。除非特殊原因，男性家族成员一般不会脱离宗族，因此在住宅面积不足时，人们会扩建老宅，而不是另建新房。

第 2 章 浙闽风土建筑的平面空间组合

2.1 平面类型

基本概念

本书为了区别各地方言与普通话之间的差异，防止理解混乱，将风土建筑空间、构造的专有名词进行区分，当采用地方方言词汇表达时加下划线"＿"标识。

（1）"间"

中国传统建筑以"间"为基本单位，指代面阔方向两排根立柱之间的空间，当心为明间，两侧为次间，再侧为梢间，两端为尽间。历代政府对民间住宅的开间数都有明确的限制。庶民的建筑"不过三间五架"[①]，而一般的官僚也无权使用五开间以上的住宅形制，因此中国大部分地方传统风土建筑皆以三开间到五开间为主。然而浙闽地区则大量存在"越制"的住宅。乃至清代经学家胡赟（定海，今浙江舟山人）直言："现今庶民之家……大约以五间为率，每间一丈五六，通计不下七八丈。"[②]将五开间定为浙江民居的基本尺度。开间多，是浙闽风土建筑的一大特征，这将在后文中详细说明。

中国北方住宅一般以院落为基本单位。"院"指代住宅的院子，"落"则指院子四面的房子。四合院住宅就是以若干院落组合而成的。然而浙闽住宅的基本单位则是"间"，是以"间"为基本单位组合而成的。因此，我们可以看到一个明显的差别，在北方合院住宅中，人们往往以"某院正房""某院东/西厢房"指代具体的房间。而在浙闽风土建筑中，每一间都有其独特的专有名称。这与当地多开间的特点一道，从不同的侧面暗示了浙闽地区特殊的"间"概念。

（2）"进"

为了表达传统建筑沿轴线布局的空间组合方式，中国人往往采用"进"这一概念。在四合院民居中，"进"的数量一般代表了院子的数量，如常见的三进四合院，则是代表该民居由三个院子，也可以说是由三组院落组成。

---

① 《唐会要·舆服制》有"庶人所造堂舍，不得过三间四架"；《宋史·舆服制》有"庶人舍屋许五架"；《明史·舆服制》有"不过三间五架"等。史料中都对民间建筑的规模进行了限制。

② 胡赟.明堂考[M].宁波：民国鄞县张氏约园刊四明丛书本：22.

　　然而在浙闽地区，"进"的数量则由主轴线上厅堂的数量决定，如同样是常见的三进四合院，在浙闽地区一般则仅仅由两组院落组成，但其包含了"门厅""大厅""后厅"三个厅堂。

　　（3）天井

　　南方风土建筑为了应对日晒和风雨，建筑的布局更为紧凑，因而院子变得像水井一般深暗，天井因此得名。陈纲伦对南方风土建筑天井空间的形制做出了五点界定：①天井与房舍相连，一般位于厅、堂前后；②天井采用建筑加法，即由房舍与房舍或房舍与墙壁围合而成；③天井井口连檐，环合；④天井井底之地坪，常下沉为方池或环槽；⑤天井的井身较深且虚，"井深"一般大于"井径"。[①]

　　天井的出现也使得南方天井院落呈现出与北方院落不同的特征，刘致平在《云南一颗印》一文中指出："我国建筑常用布置样式有二：'井字'式，可名为九室式，'十字'式，可名为五室制。"对于这两种形制，刘先生认为北方的四合院属于五室式，而南方天井式合院则属于九室式。[②]

　　总的说来，浙闽传统风土建筑平面空间的基本构成规律是从"间"出发，围绕"天井"形成"一进院落"，再由院落组合成各种不同的平面样式。

"一"字形平面

　　不围合院子，所有房间沿面阔方向一字排开就形成了"一"字形平面（图 2.1），这是浙闽风土建筑中唯一没有形成院落的平面形式。福建地区称其为"一条龙"。最简单的"一"字形风土建筑为三开间堂室之制，一堂两室。当中是厅堂，两侧是卧室。其余形式的"一"字形风土建筑都是在三开间的基础上向两侧增加房间。比较常见的是五间和七间，也有少数可做到十三间甚至十五间。然而所有建筑都是单数开间，这是由于堂室之制，两侧住房总是以堂屋为中心对称发展。

　　若用地不允许，则可在"一"字形平面的一个尽端向前加建几间房屋，形成一个两边长短不同的曲尺形，就是"⌐"形布局，而若两边对称布局，则形成了"⊓"形布局。一般长边为主体建筑，中间为堂屋，短边多为辅助用房。围合的空间辅以矮墙就形成了带有院子的封闭住宅。这一类平面一般没有形成完整封闭的院落空间，因

图 2.1　"一"字形平面

①　陈纲伦. 阴性文化与中国传统建筑井空间 [J]. 华中建筑，1991，1：21-28.
②　刘致平. 中国居住建筑简史：城市、住宅、园林 [M]. 北京：中国建筑工业出版社，2000：367.

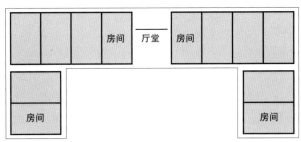

图 2.2　"一"字形平面的变形

此可以说是"一"字形长屋的变形（图 2.2），与其他三合院平面有所不同。

合院式平面

　　合院式住宅是汉民族的代表性住宅样式。合院式平面以院子为中心，院子的三面或四面用建筑围合，形成较为封闭的内向型院落系统。其特征是：①中轴对称；②单体建筑的平面构造方式多为一堂两室式；③主次关系清晰；④以院落为单位。反映了汉族的社会制度、家族构成与文化习俗。

　　（1）三合院

　　三合院是浙闽地区中小型家庭常用的住宅平面形式，正屋三间或五间，当中为正房，两翼为辅助用房。三合院型平面由建筑和天井组合而成，按建筑与天井的关系可分为"前天井型""后天井型""前后双天井型"三种：普通的前天井三合院的天井在正房前；后天井三合院的厢房和天井都在正房背后；前后双天井型则是正房前后都有厢房和天井的布局方式，整体呈现 H 形。

　　若按建筑正房与厢房的关系则可分为"堂厢型"和"堂庑型"两种："堂厢型"也可称作"三间搭两厢"，即正房三间，厢房一到两间，从左右向前或向后伸展与正房围合成天井（图 2.3）；而"堂庑型"则是正房两侧有纵向伸展的多开间横屋，往往形成两个天井甚至多进的组合式三合院（图 2.4）。

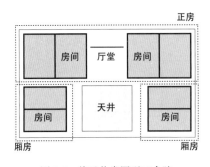

图 2.3　前天井堂厢型三合院

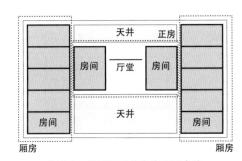

图 2.4　前后双天井堂庑型三合院

"前天井堂厢型"：是比较广泛使用的类型。云南的一颗印三合院住宅即是此类型。浙闽的三合院分布也比较广。在闽南的漳州地区，三合院被称为"爬狮"或"下山虎"。在浙江中南部，三合院则被称为"十三间头"，即正屋三间，两厢各五间，前面用围墙封闭为三合院。

"后天井堂厢型"：天井和厢房都在正房后部展开。后天井一般作为日常生活起居的空间，不具有仪式性，因此，也可以认为该类型三合院存在"一"字形平面的构成要素。除了后天井，不少该类型三合院也有前院，前院一般仅用围墙围合，在福建这种前院被称为"埕"。

"前后双天井堂庑型"："堂庑型"布局是正房三间居中，左右为纵向组合的单列型横屋（庑），正房和庑围合成一个或多个三合院。这种布局模式可以从汉唐时代的建筑史料甚至西周时代的建筑史料中找到类似的案例。当然，"堂庑型"也可以组合成四合院的形制，在福建地区，多开间纵向展开的横屋（庑）被称为"护厝"。因此，"堂庑型"与福建大量存在的护厝式风土建筑也有着密切的关系，这将在后面详细论述。

现存的"堂庑型"三合院大多为前后双天井 H 形平面。该型平面厢房前后发展，前天井为生活、起居和会客空间，后天井则多为相对杂乱的生产、家畜用地和厨房、厕所等，功能分区明确，是较为高级的住宅。

（2）四合院

浙闽地区的四合院与北方四合院有所不同，但整体上也是受北方影响所致。这里讲的四合院特指单进四合院，就是只有一进院子的四合院（图 2.5）。在闽南，其被称为"四点金"，是一种比较紧凑的合院形式。而在浙南，"四点金"被称为"对合"式合院，因其四厅相对而得名。

廊院式：廊院式四合院除了正房以外并无其他房间，是用回廊围合天井。廊院式合院汉唐时期在中原地区大量出现，而宋代开始从北方绝迹。浙闽地区，主要在福州周边尚有一些风土建筑采用此样式，并逐渐从"正房＋回廊"的平面形式进化为"正房＋厢房＋前回廊"的平面形式。

四点金：为闽南及粤东地区最为普遍存在和具有代表性的一种平面形式。其空间结构最大的特点是以中庭为中心，上下左右四厅相向，四角则为房间，形成十字轴空间结构。而四点金的得名，相传是因为比起北方四合院，其在四个角上各多出一间剖面形如"金"字的房屋。

对合式：为浙南、浙西常见的平面形式。与四点

图 2.5　小型四合院

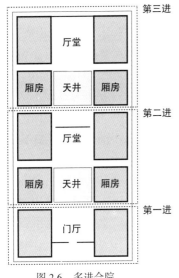

图 2.6　多进合院

金的布局方式基本相同。不同的是浙南有一种大型对合式合院，上下左右相对的不只是厅，而是整个一堂两室的单元，这样的四合院，内院往往很大，而正房也往往多达七至九开间。

（3）大型合院

大型合院即多进合院，是将上述三合院或四合院叠加组合而成的大型院落（图 2.6）。其受北方影响更多，一般是有身份的人家爱用的平面形式。在闽南，往往将大型四合院称为"官式大厝"，其北方舶来的性质显露无遗。

官式大厝：闽南地区，大型合院在民间被称为"官式大厝"。在《福建民居》一书中也提到泉州的大型宅邸"因为是仿照北京四合院民居所建，当地称之为'宫廷式'"。而在《泉州民居》一书中，记载了"宫殿式""皇宫式""皇宫起"三种说法。1993 年版《南安县志》又有"宫式大厝"和"汉式大厝"两种叫法。"皇宫起"实际上是惠安县与泉港区对它的俗称，"汉式大厝"是南安市对它的俗称，"官式大厝"是泉州市域对它的俗称。可见，各个地区对四合院宅邸有着不同的叫法，但总体上包含了"宫殿""官式""汉式"三种意义。这充分说明泉州地区的四合院民居是仿照北方合院民居建造的，是外来的建筑样式。

围屋式平面

围屋式平面是中国南方特有的平面样式，总的说来是以四合院为核心，周边围绕布置着联排的房间（围屋）。环绕的联排房间，根据不同的方言，有"横屋""扶屋""扶厝""护厝""护龙""伸手"等多种叫法。而围屋式平面在浙闽地区又存在着"护龙"式围屋、"土堡"和"土楼"三种形式。

"护龙"式围屋：又称"围龙"，中为正厅，屋顶最高，左为大房，右为二房，屋背稍低，由正厅延伸建造的叫"护龙"；两旁各增筑一间，称"五间起"；如需要还可增筑厢房，与正房构成 n 字形半围房屋，中留空地，叫"埕"，为曝晒器物之用。从中庭看去，整个房子蜿蜒围着像一条龙，故称"围龙"。[1]简单说来，围屋式平面的特征就是以两进或三进的四合院为中心，在其周围布置"护龙"。"护龙"可以仅在中心合院东西两侧布置，也可以三面甚至四面围合，还可围合成半圆形甚至圆形，而"护

---

① 王维梁，刘孜治.明溪县志 [M].厦门：厦门大学出版社，2008.

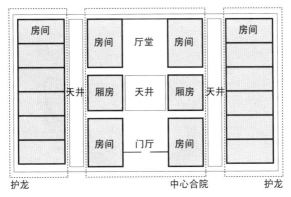

图 2.7　"护龙"式围屋

龙"可以只有一层，也可以多层"护龙"层层相套。这种平面形式比较自由，几乎可以无限扩建，是容纳大型宗族聚居的绝佳形式（图 2.7）。

　　土堡：在围屋的外围加筑防御性的夯土城垣，并将"护龙"系统与城垣结合，就形成了土堡。土堡主要出现在福建中部和东部地区，是为了防御土匪、海盗而建。从南宋末年蒙古军南下，到元末农民起义、地方割据，明代倭寇，清初三藩之乱、迁界禁海，民国军阀、土匪，福建地区一直受到战乱的威胁，因此提高住宅的防御性是大户人家必须考虑的问题。

　　土堡也称为"寨堡"，与围屋式住宅一样：以中央四合院为中心，为仪式性空间以及家主所居；四周以"护龙"围合。不同的是，土堡将最外圈的"护龙"打造成坚固的防御体系：外墙一般为石砌基座加上夯土墙，墙上往往有射击孔，墙内还有环通的跑马道。

　　土楼：福建土楼作为世界文化遗产为人熟知，但确切地说，土楼也是围屋式住宅的一种。与围屋或土堡不同，土楼的主要居住空间集中在环形的建筑中。中央所围合的内院则为祭祀和生产空间。土楼建筑一般层数较多，平面总体上有长方形与圆形两种。内部一般为木结构，而外墙则基本为夯土墙。方形土楼也叫"五凤楼"，其平面十分接近一般的围屋式住宅，可以说是立体化的围屋。而圆形土楼的"护龙"呈圆环状环绕而成，住宅规模扩大时则可以同心圆的形式不断向内外扩建。

　　土楼与土堡都有着极高的防御性。比起土堡，土楼的住居单元更加均质化，每户的建筑平面基本一致，整个土楼内的住户享有相同的居住权利，也共同分担防卫的义务（图 2.8）。

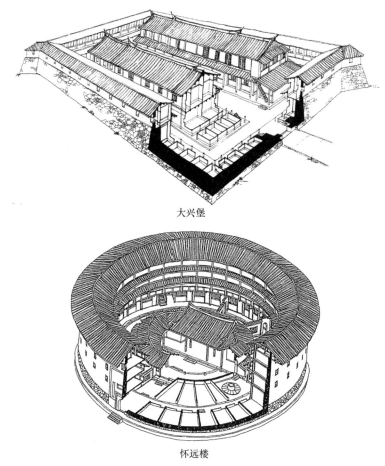

大兴堡

怀远楼

图 2.8　土堡与土楼①

方言与房间名称

正如前文所述，浙闽风土建筑的一大特点是每一个房间都有相应的名称，而对应不同的方言区，房间名称也不尽相同。不同的房间名称又恰恰反映了不同地区对建筑空间的理解与日常使用习俗，因此十分有必要在研究风土建筑平面时明确各个房间的方言叫法。在这里，为了后文方便，先对一些浙闽地区的基本方言名词进行梳理以防止与普通话混淆而产生歧义。

---

① 戴志坚. 福建民居 [M]. 北京：中国建筑工业出版社，2009. 第 150 页德化硕杰大兴堡（上），同书第 252 页南靖梅林怀远楼（下）。

（1）"房"与"屋"

房屋（house）与房间（room）是两个完全不同的概念，然而在中国各地方言中，存在着概念的混淆，在南北方言中，房与屋的概念是完全相反的。[①]在北方，用"房"指代房屋，而用"屋"指代房间。如"正房""厢房""倒座房"等都指代单体建筑，而"堂屋""里屋""小屋"则指代具体的房间。在南方，浙闽方言中，则大多是用"房"指代房间，用"屋"指代房屋。如"大屋""横屋"等指代单体建筑，而"大房""官房""厅边房"等则特指具体的房间。

（2）"厝"

"厝"是闽语中特有的词，特指住宅，也可以引申为村庄、单体建筑的意思。地名中会含有"厝"字，如"洪厝"（温州平阳县）、"康厝"（福安）、"杨厝"（厦门集美区）等，一般是以"姓氏 + 厝"的形式，这里"厝"的意思是村。更为常见的是住宅名字中的"厝"，如"后门山大厝"（尤溪县桂峰村）、"洋里大厝"（福鼎市翠郊村），还有"厝边"（邻居的意思）等日常用词中的"厝"都是住宅的意思。此外，住宅中的某一个单体建筑或建筑空间也可以称为"厝"，如"主厝"（正房）、"护厝""厝间"（房间）等。关于"厝"字的文化渊源，这里不做过多讨论，可以明确的是，用"厝"字指代住宅是闽语中特有的。

（3）"厅""堂"与"房""间"

"厅堂"是中国风土建筑中的一个重要空间，是住宅中的公共部分，往往既是祠堂，又是公堂，还是起居室和客厅。北方一般称作"堂屋"，南方则或称为"厅"或称为"堂"。如"顶厅"（福建德化）、"厅头"（温州泰顺）、"堂前"（台州）等。

与厅堂相对的是"房间"，房间是住宅中的私密部分，大多为核心家庭独自占有。房间由"房"和"间"两个字构成，二者都是浙闽风土建筑中对私密居住空间的说法。如"大房"（闽南语）、"官房"（闽东语）、"正间"（吴语），三者都用来指代厅堂两侧紧邻的房间。

2.2　平面形制及其分布

各平面类型的分布

浙闽风土建筑平面布局类型一览如表 2.1 所示。为了表示方便，将"一"字形平面记为"一"；"一"字形长屋的变形即 ﹁ 形与 ﹁ 形记为"一 +"。合院式平面中，三合院记为"三合"；四合院记为"四合"；大型多进合院记为"合 +"。在围屋式

---

① 北京语言大学研究所 . 汉语方言地图集·词汇卷 [M]. 上海：商务印书馆，2008：101–102.

平面中，"护龙"式围屋记为"围"；土堡记为"堡"；土楼记为"土楼"。其他形式记为"他"；不明或者未调查的情况记为"不明"。

表 2.1　平面类型一览

地域	编号	案例	年代	平面类型	编号	案例	年代	平面类型
闽东地区	001	福州埕宅	–	四合	002	福州扬岐游宅	民国	合+
	003	福州宫巷刘宅	清	合+	004	福州某宅	–	合+
	005	永泰李宅	–	围	006	古田松台某宅	–	堡
	007	古田张宅	–	合+	008	古田利洋花厝	–	合+
	009	古田沽洋陈宅	–	合+	010	古田吴厝里某宅	–	四合
	011	古田凤埔某宅	–	合+	012	古田于宅	–	合+
	013	福安茜洋桥头某宅	–	三合	014	闽清东城厝	–	合+
	015	福安楼下保合太和宅	–	三合	016	福安楼下两兄弟住宅	–	合+
	017	福安楼下王炳忠宅	–	三合	018	福州宫巷沈宅	明末	合+
	019	福州文儒坊陈宅	清	合+	020	福州衣锦坊欧阳宅	1890 年	合+
	021	福鼎白琳洋里大厝	1745 年	合+	022	闽清坂东岐庐	1853 年	堡
	023	宁德霍童下街宅	清中期	三合	024	宁德霍童黄宅	清中期	合+
	025	宁德霍童下街 72 号	清中期	合+	026	霞浦半月里雷世儒宅	1848 年	三合
	027	霞浦半月里雷位进宅	清中期	三合	028	福安坦洋王宅	清末	三合
	029	福安坦洋郭宅	清末	三合	030	福安坦洋胡宅	清末	三合
	031	福安廉村就日瞻云宅	清中期	三合	032	福安廉村甲算延龄宅	清末	三合
	033	尤溪桂峰楼坪厅大厝	清初期	围	034	尤溪桂峰后门山大厝	明末	围
	035	尤溪桂峰后门岭大厝	1747 年	围	036	福清一都东关寨	1736 年	堡
	037	闽清某宅	–	四合	038	闽清宏琳厝	1795 年	围
	039	尤溪某农家	–	三合	040	罗源梧桐五鱼厝	清初期	一
	041	罗源梧桐水仙关	清	一+	042	罗源梧桐孔照厝	清	四合
	043	罗源梧桐旗杆里	民国	合+	044	周宁浦源郑宅	清末	三合
	045	屏南漈头张宅	清	三合	046	屏南漈下甘宅	明末	四合
	047	屏南漈下某宅	明末	三合	048	尤溪桂峰蔡宅	清	不明
	049	永泰嵩口垄口祖厝	1768 年	三合	050	福鼎西阳陈宅	–	三合
莆仙地区	051	涵江林宅	1940 年	三合	052	莆田江口某宅	–	一+
	053	仙游陈宅	明末	围	054	仙游榜头仙水大厅	1446 年	围
	055	涵江江口余宅	–	围	056	仙游仙华陈宅	–	围
	057	仙游枫亭陈和发宅	–	四合	058	仙游坂头鸳鸯大厝	1911 年	围
	059	莆田大宗伯第	1592 年	围				

续表

地域	编号	案例	年代	平面类型	编号	案例	年代	平面类型
闽南地区	060	永春郑宅	1910 年	四合	061	漳平上桂林黄宅	清中期	围
	062	漳平下桂林刘宅	清	围	063	泉州吴宅	清中期	围
	064	泉州蔡宅	1904 年	围	065	泉州某宅	–	他
	066	泉州黄宅	–	合＋	067	晋江青阳庄宅	1934 年	围
	068	晋江某宅	–	四合	069	晋江大伦蔡宅	–	四合
	070	集美陈宅	–	围	071	集美陈氏住宅	–	围
	072	漳州南门某住宅	–	围	073	龙岩新邱厝	1888 年	围
	074	泉州亭店杨阿苗宅	1894 年	围	075	南安官桥蔡资深宅	清	围
	076	泉州泉港黄素石楼	1741 年	土楼	077	南安石井中宪第	1728 年	围
	078	漳浦湖西蓝廷珍宅	清中期	围	079	漳浦官园蔡竹禅宅	清中期	围
	080	厦门鼓浪屿大夫第	1796 年	围	081	漳浦湖西赵家堡	明末	合＋
	082	德化硕杰大兴堡	1722 年	堡	083	华安岱山齐云楼	1862 年	土楼
	084	华安大地二宜楼	1740 年	土楼	085	漳浦深土锦江楼	1791 年	土楼
	086	晋江石狮镇某宅	–	四合	087	晋江大伦乡某宅	–	四合
	088	龙岩适中太和楼	–	土楼	089	龙岩毛主席旧居	–	围
	090	龙岩适中典常楼	1784 年	土楼	091	南安湖内村土楼	清末	土楼
	092	南安炉中村土楼	1857 年	土楼	093	南安南厅映峰楼	明末	土楼
	094	南安朵桥聚奎楼	清中期	土楼	095	南安铺前庆原楼	清	土楼
	096	安溪玳瑅德美楼	民国	土楼	097	安溪山后村土楼	清	土楼
	098	安溪玳瑅联芳楼	清末	土楼	099	德化承泽黄宅	民国	一
	100	德化格头连氏祖厝	1508 年	一＋				
闽中地区	101	永安西洋邢宅	–	堡	102	三明莘口陈宅	–	一＋
	103	三明魏宅	民国	四合	104	三明列西罗宅	–	围
	105	三明列西吴宅	–	四合	106	永安小陶某宅	–	围
	107	永安安贞堡	1885 年	堡	108	沙县茶丰峡孝子坊	1829 年	合＋
	109	三元莘口松庆堡	清中期	堡	110	沙县建国路东巷 29 号	清末	合＋
	111	沙县东大路 72 号	清末	合＋	112	永安贡川机垣杨公祠	1778 年	合＋
	113	永安贡川金鱼堂	1624 年	围	114	永安贡川严进士宅	明末	合＋
	115	永安福庄某宅	–	堡	116	永安青水东兴堂	1810 年	围
闽西客家地区	117	上杭古田八甲廖宅	–	围	118	新泉张宅	–	围
	119	新泉芷溪黄宅	–	他	120	新泉张氏住宅	–	围
	121	新泉望云草堂	–	他	122	连城莒溪罗宅	–	他
	123	长汀洪家巷罗宅	–	一＋	124	长汀辛耕别墅	–	三合

续表

地域	编号	案例	年代	平面类型	编号	案例	年代	平面类型
闽西客家地区	125	上杭古田张宅	–	围	126	连城培田双善堂	清中期	堡
	127	连城培田敦朴堂	–	围	128	连城培田双灼堂	清末	堡
	129	连城培田继述堂	1829年	围	130	连城培田济美堂	清末	围
	131	南靖石桥村永安楼	16世纪	土楼	132	南靖石桥村昭德楼	–	土楼
	133	南靖石桥村长篮楼	清	土楼	134	南靖石桥村逢源楼	–	土楼
	135	南靖石桥村振德楼	–	土楼	136	南靖石桥村顺裕楼	1927年	土楼
	137	南靖田螺坑步云楼	清初期	土楼	138	南靖梅林和贵楼	1926年	土楼
	139	平和西安西爽楼	1679年	土楼	140	永定高陂遗经楼	1806年	土楼
	141	永定高北承启楼	1709年	土楼	142	永定湖坑振成楼	1912年	土楼
	143	平和芦溪厥宁楼	1720年	土楼	144	南靖梅林怀远楼	1909年	土楼
	145	永定高陂大夫第	1828年	土楼	146	永定洪坑福裕楼	1880年	土楼
	147	连城培田官厅	明末	围	148	连城培田都阃府	–	围
	149	连城芷溪集鳣堂	清初期	围	150	连城芷溪凝禧堂	清末	围
	151	连城芷溪绍德堂	清中期	围	152	连城芷溪培兰堂	清末	围
	153	连城芷溪蹑云山房	清末	围	154	永定抚市某宅	–	土楼
	155	永定鹊岭村长福楼	民国	土楼				
闽北地区	156	建瓯伍石村冯宅	–	合＋	157	建瓯朱宅	–	四合
	158	浦城中坊叶氏住宅	–	合＋	159	浦城上坊叶氏大厝	清	合＋
	160	浦城观前饶加年宅	–	合＋	161	浦城观前余天孙宅	–	四合
	162	浦城观前余有莲宅	–	合＋	163	浦城观前张宅	–	四合
	164	武夷山下梅邹氏大夫第	1754年	合＋	165	武夷山下梅儒学正堂	清中期	合＋
	166	武夷山下梅参军第	清中期	合＋	167	崇安郊区蓝汤应宅	–	一＋
	168	南平洛洋村某宅	–	四合	169	邵武中书第	明末	合＋
	170	邵武和平廖氏大夫第	清末	合＋	171	邵武金坑儒林郎第	1632年	四合
	172	邵武金坑16号李宅	–	合＋	173	邵武金坑中翰第	–	合＋
	174	邵武大埠岗中翰第	–	合＋	175	邵武和平李氏大夫第	清末	合＋
	176	宁化安远某宅	–	围	177	建宁丁宅		合＋
	178	泰宁尚书第	明末	合＋	179	光泽崇仁裘宅	明末	合＋
	180	光泽崇仁龚宅	明末	合＋	181	邵武和平黄氏大夫第	明	合＋
广东潮汕地区	182	潮州弘农旧家	–	围	183	揭阳新亨北良某宅	–	围
	184	潮阳棉城某宅	–	合＋	185	棉城义立厅某宅	–	围
	186	揭阳锡西乡某宅	–	围	187	潮州许驸马府	传说宋	围
	188	潮州三达尊黄府	明末	围	189	潮阳桃溪乡图库	–	堡

续表

地域	编号	案例	年代	平面类型	编号	案例	年代	平面类型
广东潮汕地区	190	普宁洪阳新寨	–	合＋	191	潮安坑门乡扬厝寨	–	土楼
	192	潮安象埔寨	传说宋	堡	193	潮州辜厝巷王宅	–	合＋
	194	潮州王厝堀池垅饶宅	–	四合	195	普宁泥沟某宅	–	他
	196	澄海城关安庆巷某宅	–	他	197	潮州梨花梦处书斋	清末	他
	198	澄海樟林某宅	–	四合				
浙东地区	199	宁波张煌言故居	–	三合	200	宁波庄市镇葛宅	–	三合
	201	庄市镇大树下某宅	–	三合	202	奉化岩头毛氏旧宅	–	三合
	203	宁波走马塘村老流房	–	一	204	慈城甲第世家	明末	围
	205	慈溪龙山镇天叙堂	1929 年	合＋	206	诸暨斯宅斯盛居	清中期	围
	207	诸暨斯宅发祥居	1790 年	围	208	诸暨斯宅华国公别墅	–	合＋
	209	天台妙山巷怀德楼	–	三合	210	天台城关茂宝堂	–	围
	211	天台城关张文郁宅	明末	四合	212	天台街头余氏民居	–	合＋
	213	绍兴仓桥直街施宅	–	四合	214	绍兴题扇桥某宅	–	他
	215	绍兴下大路陈宅	–	他	216	宁波鄞江镇陈宅	–	他
	217	黄岩黄土岭虞宅	–	围	218	黄岩天长街某宅	–	一
	219	天台紫来楼	清	三合	220	宁波月湖中营巷张宅	清	三合
	221	宁波月湖天一巷刘宅	民国	三合	222	宁波月湖青石街闻宅	清	三合
	223	宁波月湖青石街张宅	清	三合	224	黄岩司厅巷汪宅	民国	三合
	225	黄岩司厅巷 16 号张宅	清末	四合	226	黄岩司厅巷 32 号洪宅	清	四合
浙南地区	227	永嘉埭头陈宅	清末	一	228	泰顺上洪黄宅	–	三合
	229	平阳顺溪户侯第	清	围	230	平阳腾蛟苏步青故居	民国	一
	231	永嘉芙蓉村北甲宅	–	一	232	永嘉芙蓉村北乙宅	–	一
	233	永嘉水云十五间宅	清末	一＋	234	永嘉花坛"宋宅"	传说宋	一
	235	永嘉埭头松风水月宅	清	一	236	永嘉蓬溪村谢宅	–	一＋
	237	永嘉林坑毛步松宅	–	一＋	238	永嘉东占坳黄宅	–	一
	239	景宁小佐严宅	民国	一	240	景宁桃源某宅	清	一＋
	241	文成梧溪富宅	清末	围	242	永嘉林坑某宅	–	一＋
	243	永嘉埭头陈贤楼宅	清	一＋	244	乐清黄檀洞某宅	–	三合
	245	平阳坡南黄宅	清	一	246	青街李氏二份大屋	清	四合
	247	苍南碗窑朱宅	清	一	248	泰顺百福岩周宅	清	一
浙西地区	249	龙游丁家某宅	–	三合	250	龙游若塘丁宅	–	四合
	251	龙游脉元龚氏住宅	–	三合＋	252	兰溪长乐村望云楼	明	合＋
	253	龙游溪口傅家大院	–	围	254	松阳望松黄家大院	–	合＋

续表

地域	编号	案例	年代	平面类型	编号	案例	年代	平面类型
浙西地区	255	江山廿八都丁家大院	–	合+	256	江山廿八都杨宅	–	四合
	257	松阳李坑村46号	–	三合	258	衢州峡口徐开校宅	1910年	合+
	259	衢州峡口徐瑞阳宅	清末	合+	260	衢州峡口徐文金宅	–	四合
	261	衢州峡口郑百万宅	清	四合	262	衢州峡口刘文贵宅	清	三合
	263	衢州峡口周树根宅	民国	四合	264	衢州峡口周朝柱宅	民国	四合
	265	遂昌王村口某宅	–	一				
浙中地区	266	东阳白坦乡家本堂	清	合+	267	东阳史家庄花厅	–	三合
	268	武义俞源声远堂	明末	围	269	武义郭洞燕翼堂	–	三合
	270	磐安榉溪余庆堂	–	四合	271	缙云河阳循规映月宅	–	围
	272	缙云河阳廉让之间宅	–	围	273	东阳黄田畈前台门	–	围
	274	义乌雅端容安堂	–	围	275	金华雅畈二村七家厅	明	四合
	276	东阳紫薇山尚书第	明末	围	277	东阳六石镇肇庆堂	明	围
	278	武义俞源裕后堂	1785年	围	279	武义俞源上万春堂	–	围
	280	东阳湖溪镇马上桥花厅	清	围	281	东阳卢宅	明	围
	282	浦江郑氏义门	清	围	283	建德新叶华尊堂	明	他
	284	建德新叶种德堂	民国	三合	285	建德新叶是亦居	民国	三合
	286	武义俞源玉润珠辉宅	–	围	287	武义郭洞新屋里宅	明末	围
	288	武义郭上萃华堂	–	三合	289	武义郭下慎德堂	–	四合
	290	东阳巍山镇赵宅	–	他	291	东阳水阁庄叶宅	–	三合
	292	东阳城西街杜宅	–	三合	293	缙云河阳朱宅	清	围

从浙闽风土建筑平面类型的分布统计（表2.2）中可以发现："一"字形平面集中在浙江温州一带，其余则散布在浙闽各山区中；合院式平面多出现在浙江中西部与福建北部，其中，闽北与浙西是四合院最为集中的地区，而浙东、闽东则以三合院居多；围屋式平面则集中在闽南、莆仙、闽西、潮汕一线，而闽中、浙中一带也有分布。

表2.2　各地域平面类型统计

	一	一+	三合	四合	合+	围	堡	土楼	他
闽东	1/49	1/49	17/49	5/49	17/49	5/49	3/49	0	0
莆仙	0	1/9	1/9	1/9	0	6/9	0	0	0
闽南	1/41	1/41	0	5/41	2/41	16/41	1/41	14/41	1/41
闽中	0	1/16	0	2/16	5/16	4/16	4/16	0	0
闽西	1/39	0	1/39	0	0	14/39	2/39	18/39	3/39
闽北	0	1/26	0	5/26	19/26	1/26	0	0	0

续表

	一	一+	三合	四合	合+	围	堡	土楼	他
潮汕	0	0	0	2/17	3/17	6/17	2/17	1/17	3/17
浙东	2/28	0	11/28	4/28	3/28	5/28	0	0	3/28
浙南	11/22	6/22	2/22	1/28	0	2/28	0	0	0
浙西	1/17	0	4/17	6/17	5/17	1/17	0	0	0
浙中	0	0	7/28	3/28	15/28	17/28	0	0	2/28

主要平面布局与功能

（1）"一"字形平面

"一"字形平面的典型案例为处于闽南方言区的福建省泉州市德化县承泽村中舍堂（99号，图2.9），户主姓黄，"中舍堂"是其家族的堂号，大厅的太师壁上亦悬挂"中舍堂"的匾额。现状为八开间"一"字形长屋，原为九开间，西端两间经过了改建，

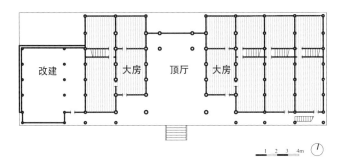

图 2.9　德化县承泽村黄宅

整体为二层。厅堂两层通高，为半开敞的公共空间，当地称其为"顶厅"[1]（当地闽南话发音为 dua⁶tia¹nuo）。"顶厅"两侧次间称为"大房"（do¹bang²lo），虽然是等级最高的居室，如今却完全空置。仍然有人居住的仅仅是两侧的"边房"。

值得注意的是，中舍堂的"顶厅"和东西"大房"形成了三开间的仪式性空间，这三间自成一体并在平面上向内收形成吞口空间。而这三间房当地人也仅在重要仪式活动时才使用，日常生活中则是人迹罕至之所。

"一"字形平面变形的典型案例是处于吴语方言区瓯江片的浙江省温州市永嘉县埭头村陈贤楼宅（243 号，图 2.10），整体平面呈曲尺形。由七开间、单层的主屋与

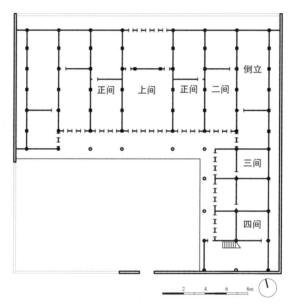

图 2.10 永嘉县埭头村陈宅

---

[1] 若无特殊注明，本书所用风土建筑房间、构件的名称均为实地调查时从居民口中所得。

四开间、两层的东厢房构成。据住户陈先生介绍，主屋建于清代，有两三百年历史，祖上与北侧松风水月宅（235 号）本是一家，分家后弟弟另建了此宅。后由于人口增加，于民国时期加建了两层的东厢房。笔者 2014 年初访时，偌大的宅子只有陈先生与老母亲两人居住在东厢南侧，2016 年再访时已经完全空置。

根据陈先生介绍，主屋的当心间称为"<u>上间</u>"（温州话发音为 ye^{2}ga^5）。<u>上间</u>就是厅堂，一般只有婚丧嫁娶等重要仪式时使用。"<u>上间</u>"的两侧是父母和长子的居室，称为"<u>正间</u>"或者"<u>一间</u>"。正间的外侧两间也就是梢间被称为"<u>二间</u>"，等级稍低于<u>正间</u>。而最外侧的尽间部分则被称为"<u>边间</u>"，也叫"<u>倒立</u>"，一般是储藏空间或其他附属空间，今天被改造成居室的情况也不少。"<u>二间</u>"与"<u>边间</u>"之间，如果还有房间，则被依次称为"<u>三间</u>""<u>四间</u>"等等。在陈家，加建的四间东厢房中，北侧两间合称为"<u>三间</u>"。陈先生母子所居住的为南侧两间，合称为"<u>四间</u>"。

（2）合院式平面

浙江的三合院大多正房七间，东西厢房各三间，总共十三间，因而也叫作"<u>十三间头</u>"。处于吴语方言区台州片的浙江省台州市黄岩区东城街道司厅巷 32 号的洪宅（226 号，图 2.11）建于清中期，原为"<u>十三间头</u>"三合院，清末时加建门房形成封闭的四合院，现状改建较多，然而依旧可以看出原本的平面布局。

穿过沿街的门房，就来到内院，当地人称为"<u>道地</u>"。正面为正房七间，两端还有抱厦一间，前有轩廊。正房明间前后开敞，不设门扇，称为"<u>堂前</u>"（daon^{13}dzie^{13}），当中一般有太师壁将空间前后一分为二，前部为仪式空间与长辈的起居空间，后部称为"<u>堂前后</u>"，一般用来祭祀土地，在丧事期间也用来安放棺材。<u>堂前</u>两侧是"<u>正间</u>"，<u>正间</u>向<u>堂前</u>开门，是长辈的居室。<u>正间</u>与<u>堂前</u>构成了一堂两室的格局，为整个宅院的核心。<u>正间</u>再向外的三间共用一个出入口，内有楼梯通向二层。在未分家的时候，一侧为储藏室，一侧为厨房、餐厅；分家后则两侧都是厨房、餐厅。其中，<u>正间</u>外的一间称为"<u>坐契</u>"（sou^{23}chi^{51}），也叫"<u>坐起</u>"，如字面意思，一般为家族成员吃饭、起居、待客使用。<u>坐契</u>再向外一间叫作"<u>翼头</u>"，也叫"<u>凤叶</u>"（von^{213}yeh^{23}），吴语中"叶""翼"同音，因其处在房屋翼角处而得名。最外侧的抱厦叫作"<u>灿头</u>"，就是两端的意思。当房屋没有抱厦时，<u>翼头</u>也可以称为"<u>灿头</u>"。<u>翼头</u>与<u>灿头</u>一般作为厨房、储藏等辅助空间使用。

正房两侧是厢房，洪宅东西各有厢房三间，台州地区有些合院也有两间或者四间厢房（三间 + 抱厦）的。厢房在当地称为"<u>横屋</u>"，厢房明间为"<u>横堂前</u>"。厢房基本上是供晚辈使用，等级较低。

而处于闽东方言区的福建省福安市楼下村的"保合太和"宅（15 号，图 2.12）则是 H 形三合院的变形，因大门门楣上刻有"保合太和"四字而得名。从平面结构来看，

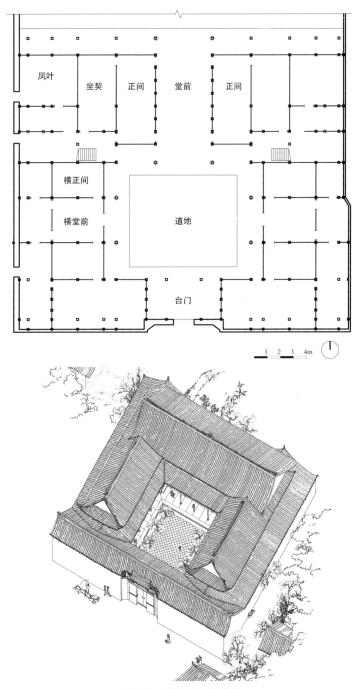

凤叶　坐契　正间　堂前　正间

横正间

横堂前　道地

台门

1　2　3　4m

图 2.11　黄岩司厅巷洪宅

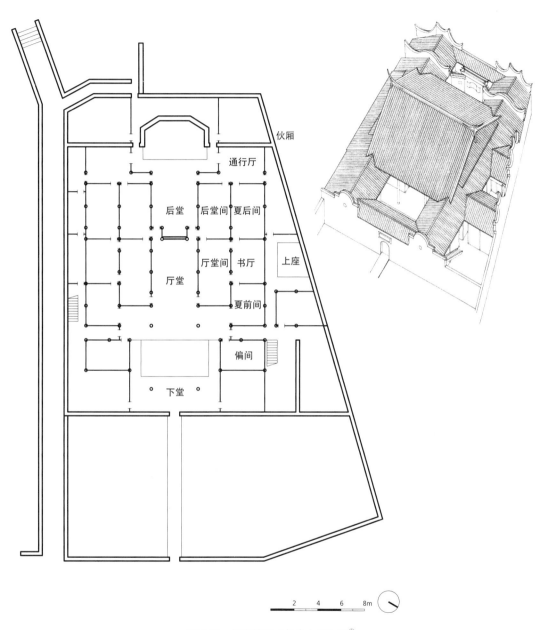

图 2.12　福安楼下"保合太和"宅[1]

① 李秋香，罗德胤，贺从容，等 . 福建民居 [M]. 北京：清华大学出版社，2010：261–265.

其当为 H 形前后天井式三合院，然而前天井加了墙门，后天井加了后廊，使得整体更像三进四合院的形制。正房体量很大，面阔五间，十柱十五檩，进深达 15 米。明间和次间前后两分，梢间则分为前中后三个房间。梢间的三间为东西向，中央一间为厅，面对一个小天井。

"保合太和"宅的主要居住空间全部集中在正房中，当心间为厅堂，厅堂正中太师壁被称为"中庭壁"。太师壁两侧有向后的凹口，两边各有三扇门，平行于太师壁向后开的是"太平门"，通向"后堂"，仅为办丧事搬运棺材时使用；向中间开的"耳门"为日常使用；还有两扇门通向两侧的房间。厅堂两侧的房间被称为"厅堂间"，后堂两侧为"后堂间"，这两间房间虽然等级较高但采光不足，一般已经不作为居室使用。正房梢间的三间房间被称为"夏间"，当中一间为"夏客厅"，也叫"书厅"，夏客厅两侧分别为"夏前间"和"夏后间"。夏间是一个完整的生活单元，尺度宜人，采光充足，适宜日常生活起居。前天井厢房两间称作"偏间"，为辅助用房。后天井厢房两间称为"伙厢"，伙厢南侧为"通行厅"，通常作为餐厅使用，北侧一间则为厨房。[①]

这样的大宅，可以看作是左右两套生活单元背对背拼合而成的，兄弟分家的时候，大宅就从中轴线上一分为二，厅堂公用。

"四点金"是浙闽小型四合院的代表，处于闽南方言区的潮州"四点金"住宅就是将两个三开间房屋 "对合起来"的紧凑型四合院（图 2.13）。南侧三间房屋的正中为大门，当心间为主要出入口，称为"门厅"或者"前厅"。门厅两侧是"下房"，一般是晚辈或用人的居室。走过门厅就是中心天井。天井两侧一边为厨房，称作"八尺房"，因其一般面宽八尺而得名；另一边是柴房，也叫"厝手房"。过了天井则是正房，当心间为"上厅"，两侧为"大房"。大房就是家长的居室。[②]

在同属闽南方言区的泉州一带，"四点金"也叫"三间张"。规模更大一些的叫"五间张"，因正房五间而得名。如福建省泉州

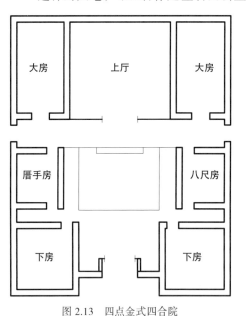

图 2.13 四点金式四合院

① 李秋香，罗德胤，贺从容，等 . 福建民居 [M]. 北京：清华大学出版社，2010：261–265.
② 陆琦 . 广东民居 [M]. 北京：中国建筑工业出版社，2009：103.

市晋江石狮镇某宅（86号，图2.14），也是两进对合式四合院，由两个五开间房屋对合而成，门房称为"下落"，而正房则称为"上落"。下落当心间为"下厅"，次间为"下间"，边间为"角间"。"五间张"的上落比起"四点金"更为复杂，一般会分为南北两部分。当心间由太师壁分隔，前为"上厅"，后为"后萱"；次间前为"大房"，后为"后间"，由于明清以来以左为尊（以面朝南为基准），故东侧大房又称"上大房"，地位更高；边间前为"边房"，后为"角脚间"。上下落之间的天井称为"深井"，深井两侧称为"榉头"，也称"崎头"或者"角头"。[①]榉头有时是开敞的廊子，有时是客房，起到连接上下落的作用。

　　四合院民居又如福建省福州市罗源县梧桐村孔照厝（42号，图2.15），户主姓黄，大约建于18世纪中叶。该住宅类似四合院形制，后部主体大屋较高，称作"后落"，前部围合建筑较矮，入口大门所在的一排建筑称为"前照"，两侧厢房称作"书院"。

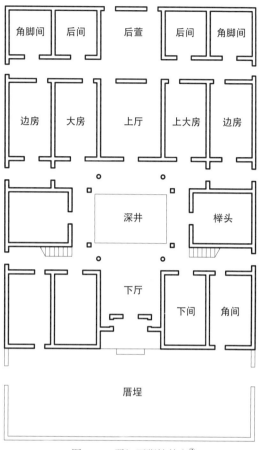

图 2.14　晋江石狮镇某宅[②]

　　主体"正落"七开间，明间分前后厅，前厅通高，为家族的公共空间，后厅两层，一层为后堂，正中放置石磨一个。次间也分为前后两间，前部当地人称作"厅边房"，作为卧室，后部称为"后房"，多为厨房。梢间称作"六扇房"，最外侧叫"八扇房"或者"撇舍"，梢间和尽间可根据人口变化自由布置。除去前厅外，房间均为两层，二层多为储藏间，后因人口增加，将屋顶改为歇山顶，并开始将二层作为生活空间使用。[③]

① 戴志坚. 福建民居 [M]. 北京：中国建筑工业出版社，2009：134.
② 黄为隽. 闽越民宅 [M]. 天津：天津科学技术出版社，1992：203.
③ 黄晓云. 闽东传统大木作研究 [D]. 北京：中央美术学院，2013：26.

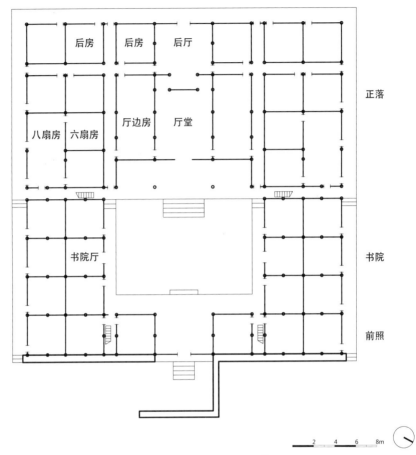

正落

书院

前照

图 2.15　罗源梧桐孔照厝①

　　"书院"为三开间，进深方向分为前后两间，前后均开门。"书院"正中称作"书院厅"，一般为客厅。"书院"也是两层，一层的房间地位比厅边房低，但是采光好，是整个大厝中采光最好的房间，作为日常起居使用；二层没有外窗，一般为储藏间。

　　整体而言，浙闽地区多进的大型合院为数不多。处于闽北方言区的福建省邵武市和平镇廖氏大夫第（170 号，图 2.16）是浙闽风土建筑中多进合院的代表。该建筑为清同治年间所建，整体为三进合院。第一进是个杂院，只有厢房。第二进为主要生活区，正房三间，厢房各一间，正房明间称为"客厢"（kia³qiang¹），前后通透，为主要生活空间，兼有起居室、餐厅、客厅的功能。两侧为卧室，称为"厝间"（qio²gan¹）。

---

① 黄晓云 . 闽东传统大木作研究 [D]. 北京：中央美院，2013：28.

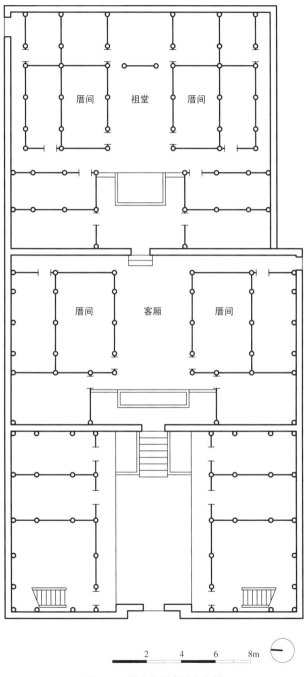

厝间　　祖堂　　厝间

厝间　　客厢　　厝间

图 2.16　邵武和平廖氏大夫第

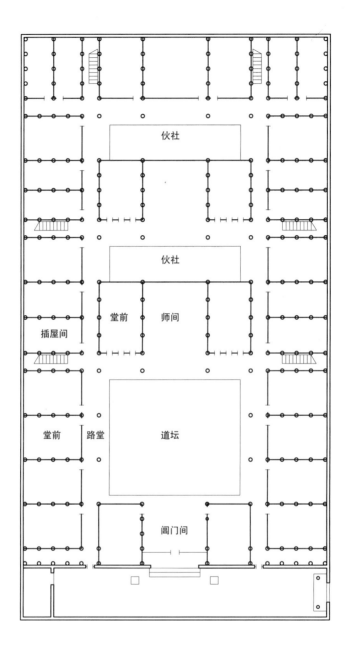

伙社

伙社

堂前　师间

插屋间

堂前　路堂　　道坛

阊门间

图 2.17　缙云河阳朱宅

第三进也有正房三间，厢房各一间，还有过厅一座。三进正房明间为祭祀祖先的祖堂，两侧的厝间则为年长者所居。

浙闽风土建筑中的多进式大型合院，有时候在平面功能布局上与北方多进式合院并不相同。典型的案例是处于吴语方言区处衢片的浙江省丽水市缙云县河阳村朱宅（293号，图 2.17）。单从平面上看，其为四进堂庑型合院，然而从居民的日常生活流线来看，朱宅的主要生活空间集中在前两进，后两进建筑做法朴素，多为用人房和储藏室。这与北方民居有很大不同。

朱宅大门朝东，进入大门是一段尽端式的窄弄。窄弄正中的右手边是第一进的过厅，当地人称为"阊门间"。穿过过厅的第二进院落是宅院的核心，是家族聚居和日常生活的主要场所。中央的庭院称为"道坛"，道坛北侧就是第二进的正房，整个宅院中等级最高的建筑。正房明间称为"师间"（sy^{44}gan^4），为仪式空间兼家族公共活动空间，也是待客的场所。第二进中除了师间以外所有面向道坛开门的房间都称为"堂前"（daon^{13}ya^1）。堂前为大家族下属各个小家庭的居室。堂前与师间都有前轩廊，被称作"路堂"（lou^{213}daon^{13}）；而堂前与师间相交形成的角部暗房间则被称为"插屋间"（tsa^{4}oh^{43}gan^4），一般是厨房和楼梯的位置。全体建筑都有二层，但二层一般作米仓储存粮食，并不居住。从插屋间门前穿过第二进院落，就可到达后两进院落。后两进被统一称为"伙社"（hou^{51}sya^{13}），据说旧社会是长工、用人的居所，现在则都用来堆放杂物。

（3）围屋式平面

护龙式围屋的代表是处于闽语闽南方言区的福建省泉州市亭店村杨阿苗宅（74号，图 2.18）。该宅由归国华侨杨阿苗建于 1894 年。杨阿苗宅为典型的闽南"官式大厝"，核心建筑为"五间张"四合院，称为"主厝"，东西两侧各有一条"护厝"。

主厝空间与一般的"五间张"四合院并没有任何区别，而护厝空间则由"护厝间""护厝井"和"过水间"组成。护厝间是主要的居住空间，护厝井就是护厝间前的采光天井。而连接护厝与主厝的空间则是过水间，过水间因护厝井从其下排水而过得名，因为要排水，过水间往往会架空，并以木板铺装。由于所处位置的不同，过水间从南向北分别称为"护厝头""亭子头"与"护厝尾"。除了日常生活起居空间外，杨宅还在东侧护厝中设置了"花厅"，为待客、娱乐所用。[①]

同为护龙式围屋的还有处于闽中方言区的福建省永安市西华片住宅（图 2.19）。其核心同样为两进或三进四合院，左右对称配置"扶屋"。在永安一带，两进四合院称为"两堂"，南侧门房为"下房"，正房为"上房"，下房中央门厅为"下堂"，

---

① 关瑞明，朱怿. 泉州传统民居官式大厝与杨阿苗故居 [J]. 新建筑，2015（5）：114–117.

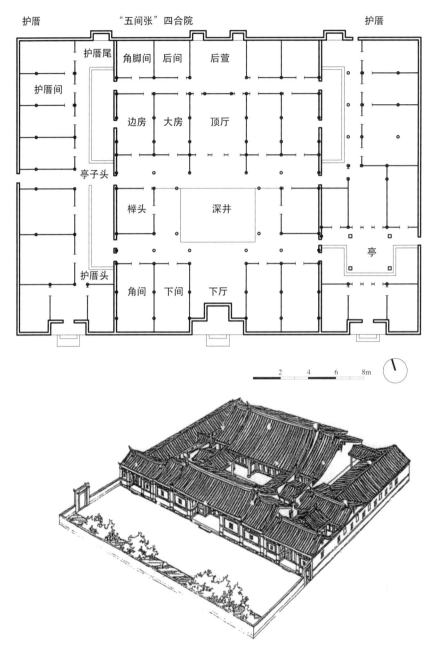

图 2.18 泉州亭店杨阿苗宅①

---

① 戴志坚 . 福建民居 [M]. 北京：中国建筑工业出版社，2009：128.

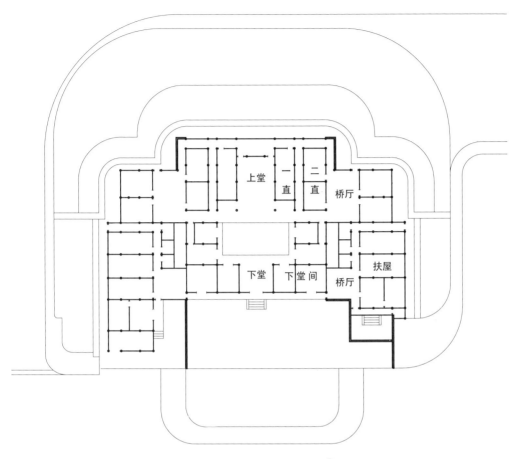

图 2.19　永安市西华片住宅①

上房明间为"上堂"。三进四合院则称为"三堂"，在两堂中插入"中房"与"中堂"。两堂之间为天井，侧面有厢房。"两堂"的外侧有"扶屋"，一列"扶屋"称为"一横"，这样的宅院就叫"两堂两横"。同理，还有"两堂四横""三堂四横"等形制。

　　"上房"一般为五间，进深比较大。"上堂"为祭祀、待客、婚丧、节庆时举行仪式、宴会的空间。上房次间为"一直"，是等级最高的房间，"一直"外侧是"二直"，"一直"与"二直"合起来称作"上堂间"，这里窗户较小，日照一般比较少。"一直"与"二直"之间还有一条走廊，称为"子孙巷"。上堂间的背后还有一条走廊，走廊外侧有一条大约 60 厘米高的飘窗，当地人称其为"挂寮"。"下房"也是五间，进深

① 贺从容. 福建永安西华片民居的布局、形式及建房习俗 [J]. 建筑史论文集，2002，16（2）：145–154.

则比上房小很多。"下堂"为仪式性门厅，平时不常使用，下房的次间和梢间则合称"下堂间"。厢房与扶屋虽然等级较低，但一般是主要的居住空间，上房与下房则更多沦为单纯的仪式性空间。上房、下房与扶屋之间的联系空间称为"桥厅"，主要用作餐厅，与闽南围屋的"过水间"形制相同。①

　　土堡的代表则是同处于闽中方言区的福建省永安市槐南乡的安贞堡（107 号，图 2.20），始建于清光绪十一年（1885），为当地富商池氏花费 14 年建成。该建筑为

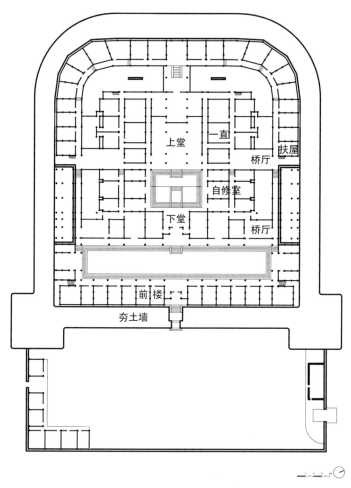

图 2.20　永安槐南安贞堡②

① 主要依据：薛力. 福建永安青水民居东兴堂初探 [J]. 建筑学报，2011. S1：112–118. 贺从容. 福建永安西华片民居的布局、形式及建房习俗 [J]. 建筑史论文集，2002，16（2）：145–154.
② 李秋香，罗德胤，贺从容，等. 福建民居 [M]. 北京：清华大学出版社，2010：202.

全国重点文物保护单位，今天已经无人居住，成为收门票参观的景点。安贞堡的扶屋前方后圆，有防御性极强的夯土外壁，顶层环绕跑马道，南面两隅有炮楼，扶屋所围绕的则是"两堂"四合院。基本的平面布局与前述西华片围屋十分类似。不同的是厢房更大，东厢则是名为"自修室"的书斋，兼有待客的功能。

　　处于闽东方言区的福建省福州市永泰县嵩口镇成厚庄（图 2.21）则是另一个土堡案例。成厚庄建于清初，整体平面为矩形，西侧为主入口，两隅有炮楼。与一般土堡不同，成厚庄有两重夯土城壁，内环损毁严重，仅存正房三间，改建部分两间，还有过街楼两栋各五间。正房当心间为"大厅"，两侧为"厅边房"。有趣的是，内环的东西厢房做成了过街楼的形式，一层的当心间是与外环相连的过道，而二层的东厢当心间为祭祀祖先的"祖厅"，西厢当心间为供养观音菩萨的"神厅"，有着"左祖右社"

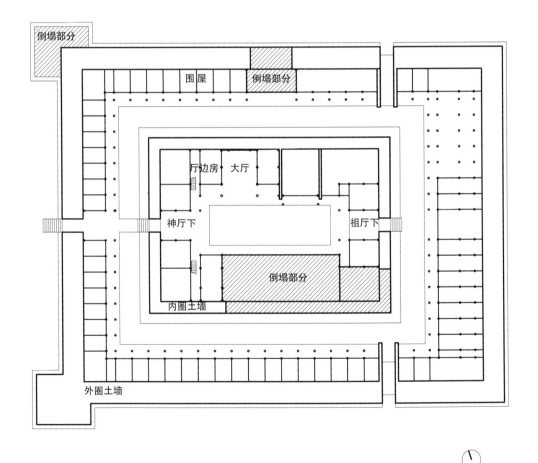

图 2.21　永泰嵩口成厚庄

的形制。

外环为"护厝"，护厝一层为家族成员生活的空间，二层为起防御作用的跑马道。外墙下半部为石砌，上半部为夯土。相传，成厚庄是明末嵩口的大户为了防御盗贼从镇上举家前往镇外的山岗上而建，鼎盛时期有千余人生活在此，如今由于交通不便，仅有一户居住，整体状况较差，多处坍圮。

土楼是围屋式平面中最为人熟知的，比较典型的案例有处于闽南方言区的福建省龙岩市南靖县石桥村的顺裕楼（图 2.22）。顺裕楼是南靖县最大的土楼，平面为两层同心圆。外环直径 74 米，四层，每层 72 间，共计 288 间。内环有两层，仅仅建成了四分之一。正中间为"祭厅"。顺裕楼外环的每一个柱间四层为一个单元，供一户家庭居住。每个单元一层为厨房和餐厅，餐厅兼有待客功能，二层为储物间，三层和四层是寝室。[①]不难发现，土楼的防御性并不及土堡，但功能性很强，仪式性空间被大大压缩。

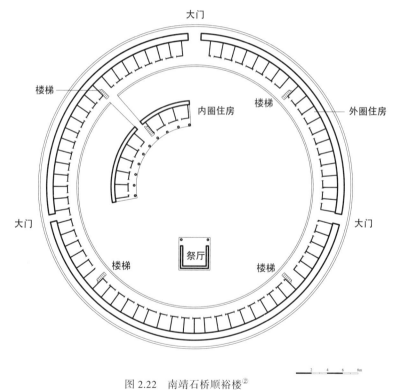

图 2.22　南靖石桥顺裕楼[②]

①　李秋香，罗德胤，贺从容，等 . 福建民居 [M]. 北京：清华大学出版社，2010：105.
②　图片出处同前注。

主要建筑空间的使用与等级

（1）厅堂

厅堂（图 2.23），北方称之为"堂屋"，一般位于正房明间前部。在浙闽地区有着各种各样不同的叫法，如吴语中的"客堂间"（上海），"堂前"（宁波、台州），"师间"（缙云、武义），"上间"（永嘉）等；闽语中的"顶厅"（泉州），"厅头"（泰顺），"厅中"（闽清），"客厢"（邵武）等。总的说来以"堂""厅""间"三个字出现的频率最高，厅堂一词当源于此。

浙闽风土建筑中的厅堂绝大部分为半室外的灰空间，正面不施门扇。浙闽厅堂平面布局基本相同，往往以太师壁为界分为前后两部分。前半部为开放性仪式空间，一般安放供桌、香案、太师椅，香案上供奉祖先牌位，通常在婚丧嫁娶等重要仪式活动或逢年过节时才会使用。古代晚辈每天给长辈请安也在厅堂进行，然而这种仪式今天已经不再延续。厅堂前部空间多为家族共用，在今天则是开放性很强的空间，外人来访在此驻足并不会被认为侵犯了私人空间。厅堂后半部则为私密的祭祀空间，一般也会安放小型香案、祭祀土地

单层厅堂

二层厅堂

两层通高厅堂

图 2.23 厅堂

或者观音菩萨等。家族办丧事时，会在厅堂后部设置灵床和灵堂，其余时间则基本不会在此进行活动。

从空间结构上说，浙闽厅堂分为单层、二层和两层通高三种类型。单层的厅堂如前述，仅由太师壁分为前后两个空间。二层的厅堂有时也叫"楼上厅"，即将祭祀祖先的功能移至二层。厅堂一层的前部空间则更像日常生活起居的客厅。

厅堂的仪式性功能：浙闽地区传统的厅堂空间是仅仅在家族重大仪式活动时才使用的空间（图2.24）。结婚、葬礼、祭祖、祝寿、节庆等重要活动的仪式和宴会都会在厅堂中举行，其中最为重要的就是结婚仪式和丧葬仪式。

在古代，结婚的流程非常复杂，古"六礼"中有迎亲之礼，其中有许多活动和仪式都要在厅堂展开。《泉州市志》中记载的结婚流程[①]中，首先由媒人交换双方的庚帖（写有各自姓名、八字、出身以及祖上三代状况的帖子），并将对方的庚帖供在自家厅堂的祖先牌位前占卜吉凶，民间称其为"<u>提生月</u>"。而订婚后，则是"<u>戴手指</u>"的仪式，由男方家准备戒指两枚，连同彩礼、红布、花、点心等礼品（俗称"<u>面前</u>"），由祖母、母亲或其他两位女性家长率领随从前往女方家。队伍从男方家厅堂出发，到女方家厅堂后，新娘在厅堂中面向外坐好等候，由男方家的女性代表将婚约戒指给新娘戴上。新娘接受彩礼，拜谢后回屋。最后，正式的婚礼将持续三天：第一日，在男方家的厅堂中拜堂结婚，行三跪九叩大礼。第二日一早，新郎和新娘在厅堂一同祭拜祖先，然

仪式

日常

图2.24　厅堂的功能

---

① 泉州市地方志编纂委员会.泉州市志：49卷[M].北京：中国社会科学出版社，2000.

后按照年龄顺序将男方的家族成员——介绍给新娘，相见时先背靠背，再转身面对面，此即为"庙见"。而第三日白天，男方家会在厅堂中举办名为"上厅桌"的宴会，乃是为新娘上厅堂特设喜宴，由男家女眷及外戚作陪，上四道菜后，新娘依例离席回房，其席位由婆婆接坐。同日傍晚，岳家宴请新女婿。婿乘蓝呢大轿，随带礼品，以彩旗、鼓吹迎至岳家。下轿后，上厅堂向岳家祖先上香、酹酒、叩拜。礼毕，女方家会设宴招待新女婿，即先在女方家厅堂祭拜祖先，然后进行晚宴，由妻舅或姻叔主陪。宴会极为隆重，陪客者尽请较有名望地位的人物，以显示女家门第。散席后，小夫妻随带引路鸡和长尾蔗，乘轿同回夫家。

葬礼也与厅堂密切相关。早在老人弥留之际，就要将老人的床铺搬至厅堂后半部的后厅。这一过程，称为"搬铺"，或者"徙铺""出厅""入厅堂"。所谓"寿终正寝"，指的就是在自家厅堂瞑目，否则认为很不吉利。对于寿终正寝的执念，中国自古有之。浙闽民俗中，将病重的老人从自己的居室移至厅堂，称为"疾笃迁居正寝"。[①]民间信仰中认为，厅堂为整个住宅中最神圣的场所，在此地寿终方能"死得其所"，也能与祖先和亲人在另一个世界再会。若在其他地方死去，死者的亡魂则会停留在床边难以超度。

在老人过世后，一系列的仪式活动也要随之展开。《宁德市志》中记载了当地的葬俗[②]：①在老人咽气后，鸣放三响爆竹。②此时厨房里要灯火通明，水缸里要盛满井水。③烧纸轿和锡箔，让亡魂上路，并给尸体沐浴、剃头、更衣。④更衣毕，大开中堂门，由孝男、孝女将尸体搬到后厅当中的尸床上，叫"迁兜案"。⑤尸床尾后点上一台红烛，叫"脚尾烛"。凡尸体经过的门槛，都要烧"过门钱"。⑥最后在厅堂摆设灵堂，供人吊唁。

厅堂的日常功能：浙闽地区的厅堂有些也具备日常生活的功能（图 2.25）。厅堂作为家族的起居室，除了一些日常的待客、宴饮之外，也作家人，尤其是妇女的日常生活、娱乐使用。唐诗中有"终日堂前学画眉，几人曾道胜花枝"[③]一句出自李山甫（1019—1087）的闺怨长诗《柳十首》，就是这种状态的生动写照。又如唐代诗人胡令能（785—826）《观郑州崔郎中诸妓绣样》诗中云："日暮堂前花蕊娇，争拈小笔上床描。绣成安向春园里，引得黄莺下柳条。"[④]反映了妇女在厅堂绣花的场景。今天，厅堂依旧是妇女做农活的地方，很多农家的厅堂中可以看到堆放好的柴草以及放置的农具。

据《泉州市志》中记载："清代、民国时期，厅堂正中靠壁有长案，上置神龛，

---

① 苏镜潭 . 南安县志 [M]. 上海：上海书店，2000.

② 宁德地区地方志编纂委员会 . 宁德地区志：卷 33[M]. 北京：方志出版社，1998.

③ 彭定求，等 . 全唐诗：第 6 卷 [M]. 郑州：中州古籍出版社，2008：3315.

④ 同前注，第 3733 页。

供奉祖先、神明，案前套八仙桌，系桌裙；厅堂两侧各置放太师椅或交椅若干把，间以茶几，作会客之用。50 年代以后，厅上神龛绝迹，厅中壁多挂毛泽东主席像，周围饰以年画等挂图。80 年代，厅堂陈设更新，正中设厅橱（玩具橱），陈设玩具和工艺品，或放置电视机、收录机等家用电器，厅两旁有成对或长列沙发，壁上挂书画、年历等，布置典雅。"①可见，厅堂的日常生活功能是随着时代与日俱增的。今天，闽北地区方言中称厅堂为"客厢"，已经将厅堂的客厅功能置为首位。浙江大部分地区的厅堂中，也常常可以看到妇女织毛衣，家人打牌、打麻将，或者只是坐在摇椅上晒太阳。而闽东、浙南、闽南地区的厅堂则仍然以举行仪式活动为主，平日里的厅堂往往人迹罕至。

（2）厢房与正房次间

厢房这一概念，在浙闽地区并不存在，即便浙闽风土建筑中大多有厢房建筑，但厢房与正方的等级差别却远没有北方那么纯粹。可以说，浙闽地区存在"厢"的概念，但"厢"的空间却不仅仅局限在厢房中。北方四合院民居中，存在老人住正房、长子住东厢房、次子住西厢房这一分化，正房与厢房是存在极差对立的。如果说北方存在"正—厢"这一相对概念的话，浙闽地区通行的则是"堂—厢"的对应关系，即以"一堂两室"的三开间作为等级最高的空间，其余房间不管在正房还是在厢房中，基本为相近的地位等级。

一堂两室与正房次间：厅堂的左右，正房的次间也就是方言中的"大屋间"（闽西南）、"一直"（永安）、"官房"（尤溪）、"厅边房"（闽东）、"正间"（浙东、浙南）。一般为家中长辈的居室，是浙闽风土建筑中非常重要的空间。一般而言，绝大部分正房次间会向厅堂开门，虽然有些会另向前后檐开门，但很多正房次间仅能通过开向厅堂的门出入。有些正房明次三间会做轩廊或者吞口，以显示与其余房间的不同。这种一堂两室的空间单元，与北方四合院一明两暗的正房空间基本一致，显示出汉民族的居住传统。

在今天，虽然正房次间名为卧室，且为长辈的卧室，却往往并不作为真正的卧室使用。浙闽地区，除了城镇等人口密集地区，通常厢房内的卧室才是宅子中的主要住房，正房次间则一般空置。然而在被问及正房次间的功能时，所有人都明言该房间为长辈住所，是地位最高的房间。因此，更多意义上，正房次间更像是一种象征。

根据《福建民居》的作者带队在闽西连城县培田村的调研：一般宅子初建时，大屋间（也就是正房次间）由家中高辈分的老人居住，待儿子长大成家时，按照以左为尊的规则，将长子分在中堂左大屋间，次子分在右大屋间，三子分在上厅堂左大屋间，四子分在右大屋间。老人有条件住到厢房的花厅，没有条件就住到普通厢房。若儿子

---

① 泉州市地方志编纂委员会. 泉州市志：卷 49[M]. 北京：中国社会科学出版社，2000.

多不够分时，就将大屋间分成前后两间。这样每个儿子都在祖宅中有了自己的房间。一般不待老屋住满就会另造新屋，搬出去住，老屋的大屋间就会空置起来，成为子孙人人有份的共有财产。上辈分到的大屋间就是后代儿孙的祖堂（礼仪空间），如这一支族人有过世者，在其弥留之际也有将其送到他所有的大屋间之内的习俗。①

　　"堂—厢"的尊卑次序：浙闽风土建筑中，也存在着长幼尊卑的次序，虽然这一次序在今天往往并没有被继续坚守，但各地居民对住宅各房间的尊卑次序还是耳熟能详。根据戴志坚对闽南地区"四点金"住宅的调研：闽南四点金住宅的榉头空间一般为年老长辈的房间，而上落东大房为长子的房间，西大房为次子房间，最后下落门厅两侧的下房分别为三子和四子的房间。②整个家族就以这样一种空间等级序列聚族而居（图 2.25）。

　　在"一"字形长屋中，虽然外观看来并没有正房与厢房之分，然而也存在着"堂—厢"的空间次序。以浙南温州地区的"一"字形平面为例，上间为厅堂，东西正间分别为父母及长子的居室，这样，中央三间（上间＋正间）就形成了住宅中等级较高的区域，相当于"正房"的空间等级。而长屋越往两端，则等级越低，为其他子女的居所，相当于"厢房"的空间等级（图 2.26）。

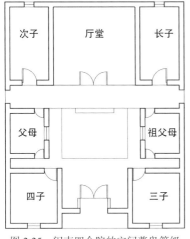

图 2.25　闽南四合院的空间尊卑等级

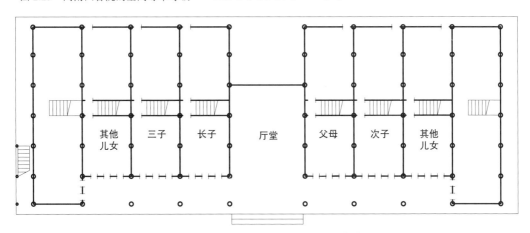

图 2.26　浙南"一"字形长屋的空间尊卑等级

---

① 李秋香，罗德胤，贺从容，等 . 福建民居 [M]. 北京：清华大学出版社，2010：38.
② 戴志坚 . 福建民居 [M]. 北京：中国建筑工业出版社，2009：61.

到了闽东地区的三合院住宅，依旧存在着"堂—厢"关系。其中，厅堂与厅堂间（或厅边房）三开间一堂两室，起到了正房的功能，为等级最高的居室。而厦间与书院空间则为厢房的地位。有意思的是，厦间与书院空间虽然地位不高，却逐渐取代正房次间，成为主要的居住空间。厅堂的一堂两室空间则逐渐丧失了居住的功能。

从正到厢，正房次间的功能性衰退：无论是在闽江下游的闽东地区，还是闽江流域中上游支流流域的闽中，闽西南部分地区，住宅的正房次间虽然在形式上依旧存在，在地位上也依旧是等级最高的房间，但日常的居住空间却转移到了横向的厢房中。正房次间由主要居住空间变成象征意义的空间，有一个主要原因是其采光通风条件较差，不宜起居。正房一般进深较大，前后多有分隔，并且有较深的出檐和前部檐廊空间，造成正房次间前后无法通风，面向天井一面的采光条件也不好。而厢房由于建筑进深小，出檐少，房间梁端都可以开窗形成穿堂风，故更为适宜居住。

正房次间功能的衰退也与正房功能的单一化有关。典型的一明两暗住宅明间堂屋有仪式和会客的功能，而次间的居室则是居住的空间。这样，一个家庭的重要功能都集中在正房之中，主次分明，等级森严。闽江流域风土建筑将这些功能分散到数个单独的空间中：正房纯粹成为仪式性空间，甚至除了红白喜事以外极少使用；会客和居住转移到厢房，并在厢房居中开辟会客厅（"花厅""书院厅""夏客厅"），而厢房的其他房间则用作居住，在没有客人的时候，会客厅也可以成为家族起居的场所。

值得注意的是，现存的地方风土建筑中，依然存在这种功能转变的过渡形态。闽东福安地区的大屋就是很典型的案例。福安大屋主屋很大，开间也比较多，正房次间依旧是居住空间，但正房梢间已经成了三开间"书院"（厢房）的形制，只是还在正房的抱厦中（故名"厦间"），并没有独立出来。

同样的房间功能演变也出现在日本，日本早期的"寝殿造"住宅在中古时期向"书院造"住宅演变的情况和闽江流域风土建筑中正房次间的演变如出一辙。有趣的是，"书院造"的说法也与闽东方言中的"书院"叫法一致。早期的寝殿造住宅主屋（即寝殿）一般有檐廊（庇），主屋集居住、会客、仪式等各种功能于一体，明间一般为开敞的公共空间，而主人居住的地方叫"涂笼"，位于次间的当中，采光和通风都很差，以至于后来的寝殿造住宅徒有"涂笼"却无人居住。后来新兴的武士阶级采用了"书院造"的居住形式，书院造住宅的特点有很多，但是比较重要的一点是功能空间的分离，即仪式、会客、居住空间在不同的建筑之中，比较高级的大名府邸一般由"大广间"（仪式空间）、"黑书院"（会客空间）和"白书院"（居住空间）三部分组成。

造成正房次间功能性衰退的主要原因很可能是北方一明两暗风土建筑不适应南方气候而产生的必然演变。参照日本贵族阶层居住建筑从"寝殿造"向"书院造"的转变不难发现，同是从中原寒冷地区输出的建筑形制，在日本和在浙闽地区，都经历了功能性衰退乃至结构性的改变。"书院"一词的巧合，虽然没有任何证据证明日本"书院造"受到浙闽风土建筑的影响，但浙闽地区在宋元时期对日本的建筑技术输出直接导致了日本"大佛样"和"禅宗样"等佛教建筑新形式的出现，这在中日学界已是定论。可以说，居住建筑影响的存在也不是不可能的。

（3）围屋

围屋因地域不同，有"护龙""护厝""扶厝""扶屋""横屋"等多种叫法。总的说来，其为拱卫宅院核心空间的附属空间。在空间等级上来看，当为最低。从某种意义上说，围屋也可以算作厢房的一种。

在浙闽地区，围屋空间也是家庭成员聚居的场所，越是大型的宗族，聚居在围屋空间的人口比例越高。而围屋空间，在不住人时，也经常被当作粮仓、储物间等辅助空间使用。如前文所述，围屋的建设往往是随着时代逐渐加建的；人口向围屋的聚集，也往往是随着宅院始建者的过世，代代相传，人口增加，逐渐将围屋中心的居住空间宗祠化而逐渐形成的。

围屋空间最大的特点是均好性与平等性。与厅堂或厢房空间不同，围屋空间并不存在等级差别。因而，各类围屋式平面所体现的是大型宗族聚居中，家族成员平等享受居住权利，平等承担防御义务的家族观。这是与北方汉族强烈的长幼等级观念有所不同的。这也是浙闽地区出现土楼这样特殊的平面形制的主要原因。

2.3　平面的特质

横向展开的平面

（1）"一"字形长屋

如河姆渡遗址出土的那种巨大的"一"字形长屋如今在汉族地区已经非常少见了。而在浙南地区和浙闽山区中，带有厅堂的"一"字形长屋却留存下来。浙江省温州市泰顺县百福岩村的周宅（248号，图2.27），建于清末，是九开间的"一"字形两层长屋，中部明间为"厅头"，内挂有"德寿无涯"匾额，现荒废变成杂物间。其他房间除去两端尽间，都是小家庭的套间。每一间套间为两层，内部有独立的楼梯。所有套间面向前廊开门，套间之间仅靠前廊联系，两端尽间没有前廊，作为厨房储藏。二层中央为放置祖先牌位的祖堂，神龛尚在，祭祀用具已被破坏，如今改为供奉观音像一尊。值得一提的是，通向两层的楼梯原本都在各个套间内，现存的公共楼梯是后来加建的，现在不再使用。也就是说，每套居室都是互相独立的，且每套居室有两层四个房间，这样使得每一个家庭拥有两层独立的空间，而一层的前廊和二层的走廊将每个小家庭联系起来，很像现代的公寓空间。老宅中原本居住着周姓家族，如今大部分或已去世，

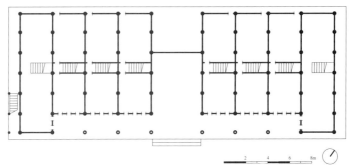

图 2.27　泰顺百福岩周宅

或搬去城市，只有老婆婆一人居住，老婆婆的儿子在老屋旁边新建砖房居住，同时照顾老宅中的老人。

　　浙南风土建筑的房间方言名称中也透露出强烈的横向并列式布局倾向。从正房次间开始，"一间""二间""三间""四间"的叫法充分反映出这种横向并列方式。有趣的是，北方四合院民居中"正房→厢房→倒座房"的南北序列，在这里变成了"上间→正间→二间→……→倒立"向东西两侧延伸的横向发展趋势。这与北方合院式空间以纵向轴线展开平面有着根本的不同。

　　（2）合院平面中的横向要素

　　然而，即便在合院式平面中，浙闽地区也存在着重视横向并列，弱化纵向轴线的要素。

　　中轴线的弱化：浙闽风土建筑从外观上看，都比较讲究中轴对称，至少主体建筑有一条明确的中轴线。这往往使人产生其空间序列与北方建筑一样的错觉。但深入调查之后却可以发现，浙闽风土建筑的中轴线有些只是形式上的，并不具有仪式性的意义。

浙江省缙云县河阳村朱宅（293 号），平面为标准的多进四合院形制。但是主要的生活空间都集中在第二进，后两进则为"伙社"，是辅助建筑空间。后两进的建筑规格也确实比第一进低很多，虽然正房明间依旧有开敞的厅堂，却只用来堆放杂物，建筑装饰更是简化了很多。

"对合式"合院：对合式四合院的基本形制由三间两厢对合而成，平面接近方形，呈"口"字形。四面或有高墙围合，两进地面前低后高。大多数对合式住宅都在第一进正中设大门，大门即为门厅，有的门厅中间或靠后部设<u>樘门</u>，类似照壁的功能。<u>樘门</u>平时在两侧开小门进出，节庆礼仪活动时打开中门。进门后为天井（或院子），天井一般为窄长方形，天井后是第二进，明间为厅堂，两厢连接门厅，屋面全角相交，形成"四水归堂"的形式。

较大规模的对合式四合院两厢也做成三开间、中厅开敞的形制，形成两面对合的双轴线结构。如浙江省温州市平阳县青街乡的李氏二份大屋（246 号，图 2.28），平

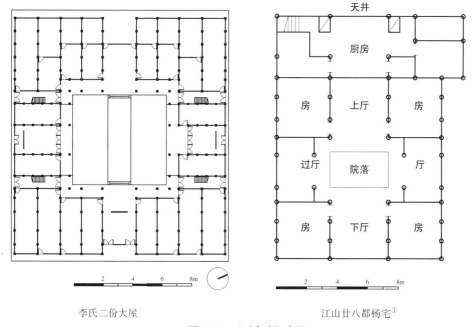

李氏二份大屋　　　　　　　　江山廿八都杨宅①

图 2.28 "对合式"合院

① 丁俊清 . 浙江民居 [M]. 北京：中国建筑工业出版社，2009：202.

81

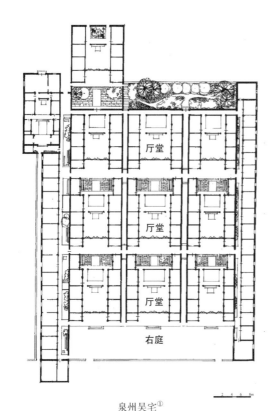

厅堂

厅堂

厅堂

右庭

泉州吴宅①

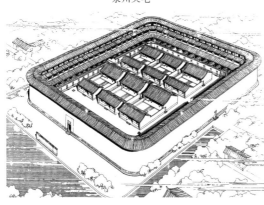

西爽楼②

图2.29 连体合院

面接近正方形，面向内院的四面建筑明间均为厅堂，整体四厅相对，十字中心对称，同时强调南北与东西双轴线，一定程度上弱化了南北主轴线。这样四面厅的布局，在台州市天台县城关镇茂宝堂（210号），江山市廿八都镇杨宅（256号，图2.28）等，也能看到。

在闽南、潮汕一带的"四点金"，也是以中庭为中心，前后左右四厅相向，形成"十字轴"空间结构。"四点金"式对合式合院的平面布局是一种九宫格式，四正为厅堂，四隅为正房。更大规模的合院可以纵向扩展为多进的形式，也可以横向扩展（成为"五间过""七间过"等）。但无论如何扩展，总是保持双轴线的空间结构。

连体合院：以相似形制的单个合院式住宅为单元，把合院像"一"字形长屋的房间一样横向一字排开，就形成了连体合院（图2.29）。福建将这种住宅称为"连体大厝"，浙江则称之为"套屋"。最简单的连体合院一般为兄弟分家时建造的住宅，兄弟间建造形制相同的合院横向并列形成连体大型合院。比如福安楼下两兄弟住宅（16号）为两兄弟建造的连体合院。泰宁尚书第（178号），是由明末李春烨五兄弟共同建造的，整体由五组类似的三进四合院横向并列在一起组合

① 高鉁明，王乃香，陈瑜. 福建民居 [M]. 北京：中国建筑工业出版社，1987：155.
② 戴志坚. 福建民居 [M]. 北京：中国建筑工业出版社，2009：242.

而成。整座宅邸南北宽八十多米，东西深五十多米。各组院落差异不大，只有长兄居住的院落入口较为突出，前厅较为宽敞。各组院落既有相对独立性，又有前院和侧门进行横向联系，是连体合院的代表。

更为大型的连体合院则将单体合院排列为平面网格。如福鼎白琳洋里大厝（21 号）、仙游榜头仙水大厅（54 号）、泉州吴宅（63 号）、平和西安西爽楼（139 号）等就是这种类型的连体合院。泉州吴宅平面由 11 个类似的合院单元拼合而成，两侧还各有一排护厝，其中，中央的 9 个单元排列成整齐的 3×3 九宫格。而西爽楼则是在方形抹角的土楼平面中心，整齐排列了 3 行 2 列，6 座四合院。这一类大型连体合院的特点是整齐阵列的合院单元往往形制非常类似，不凸显等级秩序，体现出平等的氏族聚居观念。

（3）从横向展开到围合而居

围屋式住宅的出现，将横向展开的平面布局转化为环绕式围合而居。如果说"一"字形平面根据距离厅堂的远近区别等级高低的话，住在围屋中的人们则完全没有等级上的差别。北方合院式聚居的身份等级制度，在浙闽地区被围屋解构。从护龙式围屋，到土堡，再到土楼，中央高等级的核心院落越来越弱化，居住功能逐渐丧失，甚至有些土楼内只有平地，根本没有祠堂。这反映出浙闽地区宗族社会中族长统治权的崩溃，后文将详细讨论。而仅仅从平面布局与聚居方式来看，围屋到土楼的变化（图 2.30）反映出人们由院落空间逐渐向围屋空间移居的过程，与前文中人们由正房向厢房逐渐

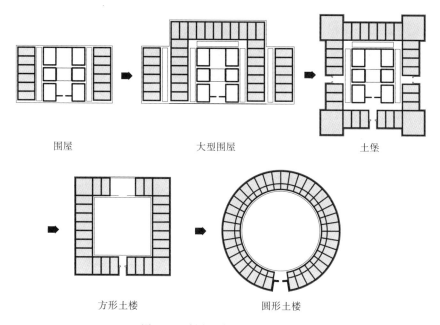

围屋　　　　　　　　　　大型围屋　　　　　　　　　土堡

方形土楼　　　　　　　　　　圆形土楼

图 2.30　从围屋到土楼的演变过程

移居的情况十分类似。

反过来看,围屋式平面的环形聚居方式,也可以说是一种"一"字形横向排列的变形。一字长蛇,首尾相连就成了环形。简单的东西护龙式围屋,就可以看作厅堂+房间的"一"字形长屋。而护龙的不断增加,也可以看作"一"字形长屋向两端的不断伸展。因此,围屋乃至于土楼这种究极平面形式的出现,亦可以看作平面布局横向展开的一种结果。

平等的生活空间

（1）合院式平面的长幼次序与耕读文化

中国传统合院式住宅的平面布局与长幼关系是与中国传统农耕、科举文化密切联系的。地方的士绅占有土地,研究儒学,参加科举,进而获得功名以出仕为官。这种君君臣臣、父父子子的儒家思想、信仰体系在居住文化上的投射,就是院落平面正厢分级的制度。

如今,从合院式平面在浙闽地区的分布状况来看,可以发现,合院式住宅最为集中的闽北地区是耕读文化最为兴盛的地区。从南宋时期朱熹在武夷山开设紫阳书院开始,到"闽学"这一儒家学派的形成,朱熹看中身份制度、强调君权的重要性,都对闽北地区产生了深刻的影响。这一影响也使得该地区科举人才辈出,住宅平面更多地采用多进式四合院的形式。

其他合院式住宅分布较集中的地区,也与农耕文化紧密相连。在明清时期,台州平原、金衢平原是东南沿海地区重要的粮食产地,闽北与闽东则是重要的茶叶产地。这些地区,农业与种植业的发达带动了耕读文化的兴盛,而合院式住宅集中的村庄,如武夷山下梅村、霞浦半月里村、缙云河阳村、邵武和平镇等,都曾经产生了大量的举人和进士。

（2）长幼次序的弱化

"一"字形长屋与合院平面不同,虽然也有厅堂与房间的等级差别,但可以说"一"字形长屋的正房与厢房空间处在同一屋檐下,有着同等的采光与通风等自然条件,等级的差别被弱化了。而"一"字形长屋集中的温州与宁波地区,在明清时期则是半农半商的典型。宁波港是浙江省最重要的海港,温州港虽然在明清时期开始衰落但依然保持了一定的活力,因而,在农闲或者荒年,从事船运贸易是温宁二府的人们主要的生活方式。"一"字形长屋的平面布局形式,很可能与这种农耕—商贸的中间状态有关。

农耕社会中,家族成员之间经济能力的差别是很小的,因而长幼尊卑次序很容易长期保持。但在商业社会中,一旦外出做生意,则很容易造成经济能力的巨大差异。其结果则必然是在建设新家时,出钱最多的一方即使在家族中地位最低的小儿子也不可能将居住条件最好的房间让给贫穷的长子。因此转而采用弱化长幼次序的住宅平面布局方式似乎成了最好的选择。

（3）围屋与商人住宅

到了围屋式宅院，不难发现，平面空间的长幼尊卑次序被最大限度地消解了。围屋中央的合院空间即使存在也大多成为宗祠，为家族公共财产，人们则平等地聚居在围屋中。福建土楼，可以说是这种平等聚居的终极形式。所有的房间用相同的材料，建成相同的规模，内部装修也基本相同。每一个小家庭都拥有从最底层直通顶层的垂直单元，除了居住空间外，所有辅助空间均为共有，扫除、修复也由各家庭分担。这种联排别墅式的空间组合所反映出的，与其说是为了共同防御，不如说是基于商人平等互利的契约精神。

东南沿海地区多山地，耕地匮乏，而宋元开始人口激增，到明代粮食已经无法自给自足。因而浙闽一带是商品经济、商品贸易最为发达的地区。围屋式平面分布集中的福建中南部、浙江中部，也与明清时期最为著名的商人组织的故乡相吻合。有名的龙游商帮、宁波商帮、潮汕商帮、闽南商帮都发源于这一区域。除了龙游商帮主要进行陆路贸易外，其他商帮都主要从事海外贸易。他们前往日本、朝鲜和东南亚诸国行商，赚钱后则回乡建造宅邸。这种外出行商的活动往往会找同族、同乡同行。回乡时，同行的亲族们则会集资修建房屋。这种情况下，基于儒家文化下的长幼尊卑关系必然会被基于商业共同体利益下的公平公正思想所取代。

比较典型的案例有浙江省诸暨市斯宅村斯盛居（206 号），俗称"千柱屋"，建于清道光年间，面积达 6 850 平方米，居住了大约 40 户人家。斯宅村位于大山之中，何以有此大型宅院？在千柱屋大门上方的砖雕上特意刻有两条船，给出了答案：小船出去，赚到钱以后大船回来，并受到尊重。出外赚钱，将财富带回家乡盖房子是斯宅村得以发达的根本。从住宅平面上看，千柱屋规模庞大，虽然整体平面为连体式大型合院，却并没有仪式性的大厅。仅仅在中轴线尽端有一间房屋为葬礼时专用，其余均为普通居室，体现了家族人人平等的观念。

土楼则更进一步体现了商人社会居住平等的观念。南靖县石桥村顺裕楼（136 号）就是 1927 年由从东南亚归国的商人张启根带领村人集资建成的，但由于资金不足，土楼的内环没有建造完全。顺裕楼鼎盛时期有 900 余人居住，而房间的所有权则完全由出资的多少决定。出资最多的张启根占有了 7 套居住单元，另一位金主张对阳则拥有 4 套住房，其他的村人则根据抽签决定房屋的所有。[1]可以说，在民国时期，围屋式平面形制中的传统尊卑关系已经完全崩溃，经济关系成为新的主导。

---

① 李秋香，罗德胤，贺从容，等．福建民居 [M]．北京：清华大学出版社，2010：107．

（4）职业与平面

从浙闽风土建筑的平面形式与居民职业的比较（表2.3）可以看出，耕读与合院平面，工商与围屋平面之间存在着对应关系。浙闽地区出现的围屋式平面居住方式，也与当地发达的商品经济与海外贸易存在关系。可以说，浙闽地区所反映出的从儒家尊卑思想向商人平等互利思想的转变，是东南沿海地区多山少地又濒临大海这一自然条件所决定的。围屋式的居住方式受到了居民生产生活方式直接的影响，也受到了自然气候条件间接的影响。

表2.3　职业与平面关系的统计*

	合院式平面	"一"字形平面	围屋
耕读为家	32	8	7
以手工业与商贸为生	3	1	28

* 由于房屋所有权很可能易手，此表仅为不完全统计。

平面形式的时代性考察

（1）"一"字形长屋

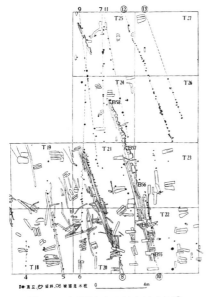

图2.31　河姆渡出土的木桩布局[2]

中国南方史前时代的住屋平面，采用"一"字形长屋的并不少见，7 000年前浙江余姚河姆渡遗址中出土的住屋就是这种长屋的形式（图2.31）。根据河姆渡遗址第一次发掘报告：河姆渡遗址第一次发掘时，发现了13排排列有序的桩木，从它们的不同走向分析，至少有三栋以上的干栏式建筑，其中第8、10、12、13这四排桩木方向一致，保存较长的第13排桩木长度在23米以上，第8至第12排桩木间距7米左右，第12、13排桩木间距1.3米。据此，这栋住宅为面宽23米，进深7米，廊宽1.3米的"一"字形长屋。第二次发掘时，又发现了16排有序的桩木，其中有四排与上述四排相连接，长度达百米以上，屋内柱网间距2米至5米左右，至少有40个房间，若每间住4人，则可住160人以上。[1]说明这些

① 浙江省文物管理委员会.河姆渡遗址第一期发掘报告[J].考古学报，1978（1）：39-94.
② 图片出处同前注。

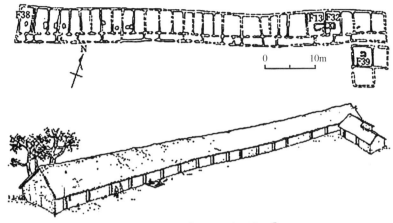

图 2.32　下王岗 "一" 字形住屋[1]

人很可能是有共同血缘的氏族。

　　属于仰韶文化的河南淅川下王岗遗址也发掘了 "一" 字形住屋的遗迹（图 2.32）。淅川住屋遗迹与河姆渡遗址的干栏式住屋不同，为平地式住宅。整体用隔墙分割为数十间房间，无疑是大型氏族聚居的场所。[2]史前的长屋，在中原地区逐渐被合院式风土建筑所取代，而在南方，则依然作为大家族聚居的一种住屋形式被延续下来。

　　现存传统汉族风土建筑中的 "一" 字形平面意匠大多存留在东南沿海一带。浙闽地区的大型 "一" 字形长屋，除了当心间为厅堂以外，两翼展开，每一间自成一个单元供一个核心家庭居住。这与河姆渡、淅川遗迹中的住屋形式并无太大差异，可以说，今天浙闽地区的 "一" 字形长屋很有可能是早期土著文化的残留；而厅堂空间的引入，则很可能是汉民族先进文化随南下移民引入的。今天的 "一" 字形长屋是地方土著文化与外来文化融合的结果。

　　虽然依旧缺乏决定性的证据，早期浙闽风土建筑很可能都采用 "一" 字形长屋的形制。唐宋时期随着汉族移民的增加，各种合院式平面形制随之进入，并与原先的 "一" 字形长屋结合，产生了今天的带厅堂 "一" 字形平面与各种围屋式平面。

　　（2）合院式平面的传入

　　中原汉族合院的历史：合院式平面在黄河流域有着悠久的历史，在 3 500 年前的商代，合院式平面的雏形已经出现。殷墟北徐家桥村遗址在 2002 年发现了一处大规模四合院式夯土建筑群基址，其中与四合院平面十分类似的建筑有 15 座。[3]到了西周时期，

①　浙江省文物管理委员会 . 河姆渡遗址第一期发掘报告 [J]. 考古学报，1978（1）：39-94.
②　河南省文物研究所 . 淅川下王岗 [M]. 北京：文物出版社，1989.
③　孟宪武 . 殷墟四合院式建筑基址考察 [J]. 中原文物，2004，5：26-31.

合院式平面布局已经趋于成熟。陕西岐山县凤雏村周原遗址的两进四合院遗迹，其南北中轴线上，依次布置了照壁、大门、前堂、后堂，两侧还有厢房，已经是相当完整的四合院建筑。[①]

汉代四合院建筑有了更新的发展，受到风水学说的影响，四合院从选址到布局，有了一整套阴阳五行的说法。唐代四合院上承两汉，下启宋元，其格局是前窄后方。然而，古代盛行的四合院是廊院式院落，即院子中轴线为主体建筑，周围为回廊连接，或左右有屋，而非四面建房。晚唐出现具有廊庑的四合院，逐渐取代了廊院，宋朝以后，廊院逐渐减少，到明清在北方逐渐绝迹。[②]元明清时期四合院逐渐成熟。20 世纪 70 年代初，北京后英房胡同的元代四合院遗址，可视为北京四合院的雏形。后经明、清完善，逐渐形成为人熟知的北京四合院建筑风格。

对合式合院：在浙闽地区，对合式合院平面从浙西、浙南地区到闽南、潮汕地区，分布十分广泛。这种双轴十字对称的平面布局方式，与今天正统的四合院平面有很大不同。但是从文献和考古资料中却不难发现，对合式平面与中原地区古代的建筑文化也有不少联系。

1926 年，汉长安遗址之南，发现了汉代礼制建筑——明堂的遗迹。其中心为大型夯土台，平面形制接近"亚"字，东西南北四面设堂、室。王国维根据古代文献分析了早期宫殿建筑的平面形制："古宗庙、明堂、宫寝皆为四屋相对，中涵一庭或一室"。[③]杨鸿勋则结合古代文献与现代考古学发现，复原了周人与汉代明堂的平面形制（图 2.33）。可以看出，早期"四面宫室"的建筑形制，与浙闽地区对合式四合院的平面有着相当高的相似性。可以推测，早期的"四屋相对"宫室，很可能是对合式四合院的祖型。

唐宋时期的四合院：汉唐时期中原流行的廊院式四合院，虽然在明清时期逐渐在北方消失，但在浙闽地区依然有存留。唐朝安史之乱开始，到五代、两宋，中原移民不断涌入东南沿海地区，浙闽地区迎来了高速的发展，廊院式合院布局随着移民进入福建的可能性极大。福州三坊七巷的宫巷刘宅（3 号，图 2.34）与林聪彝故居的正厅院落都为廊院式布局。宫巷刘宅建于清代，为三路大型连体合院，每一路的第一进院落均为廊院，即在正厅前的庭院用三面游廊环绕，这与唐代敦煌壁画中的住宅平面形制十分相似。

明清时期的多进合院：如前文所述福建泉州一带，大型四合院被称为"官式大厝"。而戴志坚所著《福建民居》一书中也指出："官式大厝"乃是模仿北京四合院所作，

---

① 杨鸿勋 . 西周岐邑建筑遗址初步考察 [J]. 文物，1981，3：23-33.
② 刘致平 . 中国居住建筑简史：城市、住宅、园林 [M]. 北京：中国建筑工业出版社，2000.
③ 王国维 . 明堂庙寝通考 [M]// 王国维 . 观堂集林 . 北京：中华书局，1923.

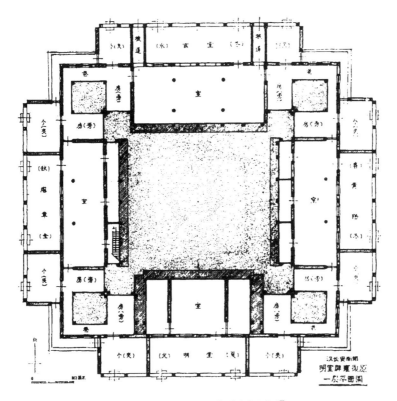

图 2.33　杨鸿勋的汉代明堂复原图[①]

图 2.34　三坊七巷的廊院式住宅

也称为"宫廷式"。[②]而《泉州民居》一书中记载了"宫殿式""皇宫式""皇宫起"，1993 年版《南安县志》则有"宫式大厝""汉式大厝"等一系列的叫法。根据关瑞明

---

① 杨鸿勋.明堂泛论·明堂的考古学研究 [J]. 营造，1998：62.
② 戴志坚.福建民居 [M]. 北京：中国建筑工业出版社，2009：130.

的研究，"皇宫起"为惠安与泉港对多进式合院的叫法，"汉式大厝"为南安一带的叫法，"官式大厝"则为泉州市内的叫法。①各地对大型四合院的叫法中，"宫殿""汉式""官式"等词语反复出现，强烈暗示了多进式合院平面为外来样式这一事实。

通过比较浙闽地区存留下来的明清遗构的建造年代可以发现，多进式合院平面的时代性分布存在着一定的规律：从闽北、浙西，到闽中，再到福州，多进式合院平面的出现率逐渐降低（表2.4）。浙闽地区其他地方的多进式合院则大多为清中期以后建造的。

表2.4　多进合院的地域分布

多进式合院	闽北与浙西	闽中	福州	其他地区
清初及以前	6	1	1	1
清中期及以后	8	4	5	5

另一个有意思的证据是福州市罗源县梧桐村。该村现存的传统风土建筑中，年代最久远的五鱼厝（40号）约建于清初，为"一"字形长屋；年代稍晚的水仙关（41号）为"一"字形平面的变形；建于清中期的孔照厝（42号）等住宅则多为四合院式；年代最近的是建于民国时期的旗杆里（43号），为典型的多进式合院。

可以说，多进式合院在明清时期，以闽北、浙西→闽中→闽东的顺序，也就是沿闽江传入福建。这应当是由于随着元明时期北京四合院的繁荣，各地兴起了仿照帝都住宅样式的风潮所造成的。

不难发现，浙闽地区合院式住宅从对合式，到廊院式，再到多进式，有着多种多样的形制。这些合院平面形式又各自对应了中国历朝历代汉民族政治核心地区的住宅样式。这说明，浙闽地区在不同历史时期，不断接受北方移民，而不同时代的移民带来了不同时期的主流文化，这些文化不断与当地文化融合并沉淀，从而形成了浙闽地区丰富多彩的风土建筑样式。

---

① 关瑞明，陈力. 泉州官式大厝的词源及其读音辨析 [J]. 福建建筑，2006，1：20–22.

第 3 章　浙闽风土建筑的构造特征

3.1　构架

梁架体系

　　中国传统木结构建筑的梁架体系一般分为抬梁式、穿斗式和井干式三种，汉族地区传统风土建筑中，南方以穿斗式、北方以抬梁式为代表。而南方的传统建筑由于受到北方政治中心的影响，又发展出穿斗抬梁混合式梁架系统。

　　穿斗式做法的本质是以柱子直接承重，不通过梁或斗拱传力。张十庆将井干式和穿斗式并置，并比较了二者构成要素的特征，他认为井干构成中无柱的概念，唯方木垒砌，以叠枋为壁；穿斗构成中无梁的概念，串枋拉结，连柱枋成架。[①]这两种构成方式，也是南北建筑的主要差异。

　　穿斗抬梁混合式就是在穿斗式体系中加上抬梁的结构要素，也就是将部分穿枋断面加大以起到梁一样的结构作用。穿斗抬梁混合式梁架主要有两种，其一是"明间抬梁"式，即将建筑物中央明间的梁架用抬梁的方式建造，而其他间架则依旧使用穿斗式；其二为"插梁"式，即通过梁的介入，将原本落地的柱子变为束柱以达到减柱的目的。

　　（1）基本的穿斗式

　　穿斗式木构架沿房屋进深方向立柱，柱子直接承托檩条，不用架空的抬梁，而以数层的"穿"贯通各柱，组成一组组的构架（图 3.1）。它的主要特点就是以较小的柱与"穿"做成相当大的构架。屋面荷载通过椽子、檩条直接传到柱子、地面上。穿枋不直接承重，是联系构件，保持柱子的稳定。这种做法最迟在汉朝已经相当成熟，为中国南方诸省建筑所普遍采用。

　　穿斗式做法是浙闽风土建筑中最为普遍采用的梁架体系。福建民间工匠在描述穿斗式构造时的常用"几间几扇几柱（游廊）"的方法，例如三间四扇五柱、三间四扇七柱前出游廊等。所谓"间"就是指开间数，抬梁式木构建筑中，面阔和进深都可以用"间"来描述；而穿斗式由于进深的柱间距离很短，"间"的定义仅限于面阔。所谓"扇"

---

① 　张十庆. 从建构思维看古代建筑结构的类型与演化 [J]. 建筑师，2007（2）：168–171.

在穿斗式中，进深方向的一榀独立的排架称为"扇"，在浙江，将穿斗式称为"立帖式"，其中的"帖"也是指代这一榀构架。[①]基本的穿斗式构架扇数等于间数加 1。但在穿斗抬梁混合式或某些减柱构造中，扇数会发生相应的改变。所谓"柱"则是指同一扇上落地柱的总和。落地柱的数量决定了穿斗木结构的受力特性，而落地柱的增减也产生了穿斗式的各类变体。

（2）穿斗抬梁混合式

抬梁式做法是用两根柱子上架过梁，其下不加立柱支撑的一种结构形式，即柱上架梁，梁上承檩，檩上架椽，屋面荷载由椽、檩传到梁上，再由梁传到柱上，梁起到了承重和稳定结构的双重作用。张十庆认为抬梁式为井干技术与穿斗技术的整合。[②]

浙闽风土建筑中几乎没有纯粹的抬梁式做法，较高级的建筑会做成穿斗抬梁混合式（图 3.2）。一种情况是一栋建筑中某几榀梁架是穿斗式，某几榀（一般为厅堂空间

图 3.1　穿斗构架

明间抬梁、次间穿斗　　　　　　　　　　　　　　下部抬梁、上部穿斗

图 3.2　穿斗抬梁混合式

---

① "扇"的研究出自：张玉瑜. 福建传统大木匠师技艺研究 [M]. 南京：东南大学出版社，2010. "帖"的概念出自：姚承祖. 营造法源 [M]. 北京：中国建筑工业出版社，1986.
② 张十庆. 从建构思维看古代建筑结构的类型与演化 [J]. 建筑师，2007（2）：168-171.

图 3.3　插梁构造

的）梁架是抬梁式；另一种情况则是同一榀梁架中同时存在穿斗部分和抬梁部分，一般是将穿斗架立于抬梁之上，或者穿斗架中含有抬梁的成分。

（3）插梁式

所谓插梁架（图 3.3），孙大章认为，其结构特色是承重的梁端插入柱身（一端或两端插入），与抬梁式的承重梁顶在柱头上不同；与穿斗架的檩条顶在柱头，柱间无承重梁，仅有拉接用的穿枋的形式也不同。[①]具体讲，即是组成屋面的每一檩条下皆有一柱（前后檐柱及中柱或瓜柱），没一瓜柱骑在（或压在）下面的梁上，而梁端插入临近两端的瓜柱柱身，以此类推，最外端两瓜柱骑在最下端的大梁上，大梁梁端插入前后柱柱身。为加大进深，尚可增加廊步，以及用出挑插拱等办法增大出檐。在纵向上，亦可以插入柱身的连系梁相连，组成构架。插梁架的山面往往增加通高的中柱，变成两个半架拼合，增加了刚度。

插梁架多通行于长江流域及以南地区，浙闽地区也有采用。其兼有抬梁与穿斗的特点：它以梁承重传递应力，是抬梁的原则；檩条直接压在檐柱、金柱或瓜柱的柱头上，而瓜柱骑在下部梁上，部分梁枋仅有拉接作用，这些都具有穿斗架的特色。插梁架没有通长的穿枋，其构件亦较粗厚，其施工方法也与抬梁类似，是分件现场组装而成。因此，插梁架可以看作穿斗做法与抬梁做法的混合做法。但插梁做法脱胎于南方传统的穿斗做法，是穿斗做法为适应逐渐增大的室内空间而采用减柱，从而增大构件尺寸的必然结果，本质上依旧是穿斗式构架，也可以说是受到北方抬梁做法影响的穿斗结构，或穿斗抬梁混合式。

木构架的建造方法

东南沿海地区民间有着丰富的建房习俗，从相地择日到购料上栋，有着各种各样

[①]　孙大章 . 民居建筑的插梁架浅论 [J]. 小城镇建设，2001（9）：26–29.

的仪式和讲究。这里不过多讨论民间的建房习俗，而是重点探讨东南风土建筑木构架的建造（安装）方式。

（1）穿斗式结构的安装施工方法

以闽东地区为主的穿斗结构上架方式①比较简单，福安方言中称一榀梁架为"一扇"，上架称为"推扇"，即整片屋架穿好后拉起来，一边拉，另一边推。根据张玉瑜的调查研究，闽东地区穿斗构架安装的最重要步骤就是推扇，到了推扇的日子，推扇程序和上梁礼往往在一天之内进行。推扇对人员数量的要求比较高，除去执行技术操作的大木工匠往往还需要 50 人左右，因此往往会动员全村一起参与推扇。

推扇的程序包括穿扇、推扇、抬扇、穿梁枋等几部分。穿扇与推扇一般从边扇顺次开始，穿好一扇后便推立一扇，然后再穿第二扇，再推第二扇。由于体力的消耗比较大，通常两扇的操作为一个阶段，完成后稍事休息，吃点心补充体力。

穿扇：人员按工作分配将分类堆放的构件抬至欲组立处，于地面（架在三角木马上）进行组装，组装由大木工匠负责，需要依照组装情况即刻修凿榫卯。穿扇之后要对整片扇架进行绑扎，一方面防止扇架上房的短柱、穿枋等小构件掉落；更重要的是绑牢柱子下方的横杉槁，在推扇和抬扇时都要以其为支点施力。

推扇：在地面组装好后，所有人员就要听从号令推扇，几名大木工匠需要爬到正在推起的扇架上以掌握扇架推立的情况，发号施令并控制推立的程度。每一扇都在其柱础附近以杉槁支戗维持稳定，每扇扇架都仅有横向构件，没有纵向联系构件，因此均各自独立，并维持自明间向两侧倾斜的状态。待所有扇架都推立起来以后，上架工作就算完成了一半，稍事休息准备抬扇。

抬扇与穿梁枋：抬扇的步骤先从构成明间的两扇抬起，将抵立在柱础旁的扇架合力抬起，落在柱础上，调整支戗以维持其略向次间外倾的直立状况。然后大木工匠以四人为一组即刻爬上扇架进行纵向楣枋的吊装工作，自下而上将构件安装好后，马上以篾绳和木棍将此部分的扇架拉紧，这时需要有大木匠师在下方指挥，安排构件就位、系绳、吊拉、定位、调整支戗、绑扎支戗、卸掉绳索……其余的人员则在支顶这两扇扇架。

明间纵向构架都组装完成后才开始抬次间两扇的扇架。当次间完成后，整个推扇程序会暂时停下，所有人员一起吃饭。稍事休息后，再为夜间进行的上梁仪式做准备。尽间的纵向构架是隔天上午由大木匠师团队自行安装的，不需要再请人帮忙。上梁过后才安装檩条与椽子。

闽江上游的闽中地区，穿斗构架的安装与闽东地区基本相同，如永安西华片地区民间建房，第一步先在地面装配好各榀屋架使其平置于地面；然后木匠捶打柱梁的交

---

① 张玉瑜. 福建传统大木匠师技艺研究 [M]. 南京：东南大学出版社，2010：101-106.

接处使整榀推扇固定好，立起的屋架用斜撑支撑好再装配相邻两榀梁架之间的联系木枋（当地称"游"），而将"游"校正位置，钉牢这一步就称作"连游"；最后一步就是自下而上，从前往后地将"线横"（檩条）逐间安放在柱头上，檩条上面刨平后刻槽安放椽板，最后上花梁、铺望板和瓦。

（2）抬梁与插梁构架的安装施工方法

以闽南地区为主的穿斗抬梁混合结构的上架安装[1]与闽东地区穿斗构架的安装完全不同。闽南地区大木结构安装之前先要进行试安装。试安装就是将整个构架在地面上先试装，松松地装，然后校正卯口、修凿构件，整修完毕的构件需要标明详细的位置名称或编号，然后拆开分类堆放。如此在上架现场时只需将构件逐一装上就可以了，节省了人力。

在正式上架的时候，一般按照明间、次间、尽间的顺序上架，至于先左还是先右则依脚手架搭立的方便而定。

立柱：从明间的四根金柱上架，若下段为石柱则依次将所有石柱组立起来。若木柱低于 7 米，则由工匠抬至柱础边扶立起来；若柱高 7～8 米，可以用绳索辅助拉架；柱高 10 米以上的需要以吊装设备吊装。

柱子吊直拨正：现场需要准备一个生铁锅，大木匠师以铅垂线审视柱子的垂直状况，因为铁锅具有弧度以及厚薄的变化，因此大木匠师需立即根据缝隙的大小决定敲取铁锅的哪一部分，然后将铁片击入柱础与柱底之间塞垫固定。铁片日后会因为氧化作用使柱子与柱础间更加牢固。

搭脚手架：脚手架通常是在柱子拨正后以柱子为中心搭的，一根柱子架两到四根松木条，加固推平后加上椽板就是一般大木作上架时使用的脚手架，有时在构件与构件之间跨上椽板也能充当简易的脚手架。

若下段为石柱上段为木柱，则应在此时立上段木柱，修整其垂直水平；若为搁墙造（墙承重的一种，木构架搁置在墙体上），则此时先组装后步口通梁，一端入柱身，另一端搁于墙上，搁好后泥水工马上在木构件之上塞砖填缝，继续砌筑墙体。

安装梁枋：首先上纵向楣枋，先上明间四金柱之间的纵向联系构件；其次上横向构件，从大梁依次往上安装；最后上次间等其他的纵向楣枋。

插梁做法在江南地区比较兴盛，对浙闽地区也有很大影响，而江南地区明清以来大木作技术高度发展，形成了有名的"香山帮"木匠组织。

香山帮木构架安装技术[2]与闽南地区非常类似，而与闽东地区则差异很大。在梁柱

---

① 张玉瑜. 福建传统大木匠师技艺研究 [M]. 南京：东南大学出版社，2010：106-111.

② 沈黎. 香山帮 [D]. 上海：同济大学，2010：200-213.

枋等构件基本完成后，在竖屋架之前要先进行“会榫”工作。“会榫”就是把其他构件和柱相交的榫眼做好配合，有些构件上的榫卯要在这个步骤中才最后完成。所有与柱子相交的构件都要会榫，会榫完成后，房屋的主要框架就准备好了。可以看出，“会榫”相当于闽南风土建筑木构架安装中的预安装步骤。

竖立屋架的过程俗称“竖屋”，竖屋前应先做好台基，柱础也应当已经就位。此时会先搭设竖屋脚手架，然后再将柱子搬进场内，按位置竖立，倚靠在脚手架上，梁枋也搬到相应位置的地面堆放。香山帮工匠竖屋架从右边间后部开始，先合力将边间右后廊柱和左后廊柱按正确方向竖到柱础上，柱子首先要略向外倾斜，再用绳索将下层枋子抬上插入柱身，然后将柱头拉向内使榫卯合上并马上用销子固定。然后用同样方法立步柱，插入枋子。接下来是插入步柱与廊柱之间的下层廊川，这样四根柱子之间的枋（两榀屋架间的水平联系构件）和川（屋架中的水平联系构件）就形成了第一个矩形。最后插入上层的枋子和廊川，此时这些柱子不需要支撑就可以稳固站立。下一步是安装脊柱、脊柱与步柱之间的插梁、双步梁；再在双步梁上立童柱，架金川；完成后将右边间前部完成，整个一间就安装完毕了。总的原则就是“逐间推进，先下后上，先插后放，榫好即销”。

从完成第一组围合的框架开始，就要进行屋架的校正，俗称“牮直”。采用重锤校准柱子的垂直，校好一榀就先打上临时的支戗。大部分框架完成后就可以安装檩条，最终，除明间脊檩外都安装完毕，等上梁仪式后木构架安装就完成了。

（3）浙闽地区木构架安装技术的地域性

北方大木构架的安装顺序是从里面的构件开始，如先立明间的金柱再依次安装次间、梢间；由于是抬梁体系，因此柱头以下的构件称为“下架”，柱头以上的称为“上架”。工序的第一部分是安装“下架”的构件，装配齐全后暂停上架程序。此时要用丈杆先检验尺寸，相符后便掩上柱枋之间的卯口缝隙，使其结合固定。接着进行柱子的吊直拨正与支戗，以便稳固调整好的柱子。第二部分则是“上架”构件的安装，同样也是由明间开始自下而上逐层构件依次安装，然后再用丈杆进行校核调整，无误后用涨眼材料堵住卯口缝隙固定构架。

下架与上架的分层施工，与抬梁技术密切联系，而穿斗构架则根本不可能实现。因此在浙闽地区，上下架的分层施工并不存在。但闽南、浙中等地区穿斗抬梁混合构架的安装施工中，预安装、搭脚手架等工序则是与北方共通的。

闽东、闽中、浙南的穿斗构架安装技术则大为不同。推扇技术不需要搭脚手架，大部分工序在一天之内就能完成，但是需要大量人手和充足的准备工作。这与北方两三名木匠就可以完成整个木构架完全不同。推扇技术与穿斗式结构存在着很大的关联性，穿斗构架中，各榀扇架之间相互独立，穿枋一根贯穿整榀扇架，只有整体性好才可以使用堆扇做法。而抬梁与插梁等结构形式，梁枋插入柱中而不整体贯穿，使得梁架系统整体性较差，加之各种零散构件甚至斗拱构件十分繁多，若在地面组装直接拉起极易散架。

明代的《鲁班经匠家镜》一书中也记述了建房的一般步骤[①]，此书主要流传于长江中下游地区，是给作为工程主持木匠的实用手册，列举了各个工序的吉日良辰。《鲁班经匠家镜》中的施工工序如下：①入山伐木；②起工架马；③画柱绳墨并齐木料开柱眼；④动土平基；⑤定磉扇架；⑥竖柱；⑦上梁；⑧折屋；⑨盖屋；⑩泥屋；⑪开渠；⑫砌地；⑬结砌天井阶基。而在元明时期，与日常生活有关的书籍中也常常介绍建造房屋的步骤与选择吉日，当时流传最广的《便民图纂》中也有"起工动土""造地基""起工破木""定磉扇架""竖造""上梁""折屋""盖屋""泥屋"等步骤的择吉和避忌。[②]其中有许多内容与《鲁班经匠家镜》非常相似甚至完全相同。从古代文献流传的房屋建造步骤可以看出，木构架的安装有着先"定磉扇架"，再"竖柱"的步骤，这与闽东木构架做法中的"穿扇""推扇""抬扇"步骤基本一致。北方、江南、闽南地区的木构架安装工艺中，竖柱都是在扇架之前最先完成的，只有闽东传统穿斗构架的安装是先在地面扇架然后竖立。

然而，《鲁班经匠家镜》与《便民图纂》都是在长江中下游地区流传，江南地区流传更广的书，其中现存最早的《鲁班经匠家镜》是明万历三十四年（1606）汇贤斋刻本，刻于杭州，《便民图纂》的初刻本也是明代弘治年间在吴县（今苏州）完成的。因此，很有可能，在元明之际，长江以南的南方风土建筑都采用与闽东地区相同的扇架＋推扇做法。由于北方的木构架组装技术需要人力少，因此随着时代的推移，北方的木构架组装技术逐渐在南方普及。

梁枋

浙闽地区的梁（包含插梁）基本分为直梁（直线）与月梁（曲线）两种，并分别存在矩形与圆形两种断面形式。为了使梁架结构稳定，浙闽地区木构架中还会使用很多联系构件。比较有特色的是与《营造法式》中的"劄牵"做法极为类似，联系各柱或束柱的曲线小梁；装饰性的曲线阑额；以及起到装饰和联系梁架作用的，与《营造法式》中"襻间"做法非常类似的"看架"。

（1）直梁

圆直梁：主梁架为圆形断面的直梁，梁尾处理成鱼尾叉状插入柱内，搭配的短柱亦

①　午荣．鲁班经匠家镜 [M]．杭州：汇贤斋《平砂玉尺经》本，1606（明万历三十四年）．

②　邝璠．便民图纂 [M]．苏州：[出版者不详]，1502（弘治十六年）．

南安石井中宪第^①　　　　　　　　　　　德化格头连氏祖厝

图 3.4　圆直梁

为圆形断面，而闽南地区则多以叠斗瓜筒取代短柱，梁枋下方多以布满雕饰的枋子（通随、束随）增加装饰效果。从闽南漳州泉州地区，北至莆田地区，西到龙岩、永定地区都有此类型分布。如泉州南安石井中宪第（77 号），大厅的主梁为圆直梁，两端与柱子交接处有鱼尾状处理。又如德化格头连氏祖厝（100 号），也是非常典型的圆直梁手法，两端也有鱼尾状处理，同时三架梁下还有布满雕刻的"通随"（随梁枋）（图 3.4）。

　　扁直梁：使用矩形的直梁与穿枋，矩形断面瘦高，常与墙壁结合。短柱多为方柱，雕饰很少，非常简洁，装饰主要表现在短柱与直梁交接处添加雀替或驼墩等。在闽东地区，扁直梁枋多与斗拱组合形成插梁体系。分布地区以福州、永泰、福安等闽东地区为主，对闽中、闽北也有影响。如邵武和平黄氏大夫第（181 号），正房主梁断面扁直，嵌入墙体内，梁端微曲插入柱中，梁上则有壶形束柱。这与福州市三坊七巷历史街区的宫巷刘宅（3 号）大门主梁构造类似，也是与墙面结合，但刘宅采用了方形的束柱。又如永泰嵩口垄口祖厝（49 号）中门，采用了矩形的扁直梁，上配方形束柱，由于并不是与墙面结合的做法，直梁的下部略微做了一个弧形凹槽。这在福州三坊七巷郑宅中也可以看到相同的做法（图 3.5）。

　　（2）月梁

　　月梁形状多为弧形，恰似弯月，又似彩虹，故也叫虹梁。按照形状可分为三类：①矩形断面，两侧微鼓，称琴面，年代一般较早；②椭圆形断面，称为"冬瓜梁"或"眠梁"，一般认为是明代晚期出现的，在清代早中期普遍使用；③阑额月梁造，即是将阑额做成月梁的形状，为浙闽地区独特做法。宁波保国寺大殿、福州华林寺大殿，都是浙江很早的阑额月梁造，住宅中也有很多这种做法。^②这里，主要讨论风土建筑中

---

① 戴志坚. 福建民居 [M]. 北京：中国建筑工业出版社，2009：140.

② 丁俊清. 浙江民居 [M]. 北京：中国建筑工业出版社，2009：240.

邵武和平黄氏大夫第

福州宫巷刘宅

永泰嵩口垄口祖厝

福州三坊七巷郑宅

图 3.5　扁直梁

使用较多的②③类。

冬瓜梁：断面有椭圆形和矩形两种。椭圆断面的月梁在赣皖一带更为多见，浙中地区，椭圆断面的月梁也比较多见，梁身多比较粗壮，两端有涡卷纹雕刻。浙南地区与墙壁结合的矩形断面月梁则相对较多。而闽北地区的南平市陕阳地区，梁头雕刻卷草花纹或简单的满月形。闽北武夷山地区则除了梁头为斜线之外，内部还有雕刻图案，邵武地区的梁头则是两道宽斜线的简洁形式（图 3.6）。

阑额月梁造：阑额本身属于枋类联系构件，并不承担结构作用，但由于其所处位置很容易被注意到，因此往往会被精心装饰。于是将阑额做成曲面月梁的形式成为某些浙闽风土建筑的选择。阑额月梁造是将纵向的阑额做成月梁一样的曲面，以增加阑额的装饰性。浙闽地区传统建筑很早就开始使用阑额月梁造，建于北宋的福州华林寺大殿就采用了阑额月梁造的做法。而浙闽地区也有少量此类做法，主要集中在温州南部，如平阳县青街镇池氏大屋，门厅阑额采用了琴面月梁的做法，池氏大屋建于明代，因此采用的月梁做法也比较传统。又如苍南县碗窑村某宅堂屋横向插梁与纵向阑额都做成扁月梁的形制，堂屋室内太师壁上端也有三根纵向额枋被做成月梁的样子，与下面所述的福建地区的看架做法有一些相似之处（图 3.7）。

与阑额月梁造异曲同工的做法则是取消明间的阑额以增加明间的净高，使明间显

平阳坡南　扁作　　　　　　　　　　　　福鼎洋里① 圆作

图 3.6　冬瓜梁

江山廿八都某宅　　　　　　　　　　　苍南碗窑某宅

图 3.7　阑额月梁造

得更为高大宽敞，这可以说是一种高明的装饰手段。明间无阑额做法会相应地在次间、边间采用阑额月梁造的做法。明间无阑额做法比较常见，主要集中在温州地区。如永嘉县埭头村松风水月宅（235 号），整体为七开间长屋，在一层檐廊处使用明间无阑额做法，次间、边间都采用阑额月梁造，月梁整体呈弧形，断面为矩形，是扁月梁的做法；又如平阳青街李氏大屋，整体为七开间四合院，明间无阑额，次间为阑额月梁造，边间无檐廊，次间的阑额也是扁月梁的做法；再如乐清市黄檀洞村某宅（244 号），整体为三合院，正房三开间，没有披檐，但是一层有凹廊，于是也做成了明间无檐廊，次间阑额月梁造的做法，这里的月梁比较平直，断面接近矩形，是比较传统的琴面月梁的做法；文成县西坑镇梧溪村富宅（241 号）为大型的四合院民居，也采用了明间无阑额的做法，明间以外采用阑额月梁造，月梁梁头弧度较大，并且有阴刻花纹，是比

---

① 戴志坚. 福建民居 [M]. 北京：中国建筑工业出版社，2009：185.

永嘉埭头松风水月宅

平阳青街李氏大屋

乐清黄檀洞某宅

文成梧溪富宅

图 3.8　明间无阑额、其余间阑额月梁造

较晚近的装饰性做法（图 3.8）。

（3）劄牵

在檐部的抱头梁上，连接金柱承接檐檩的构件，南方往往做成弯曲的形状，一头细，置于栌斗或耍头上，一头较粗，插入柱身，在《营造法式》中将其称为"劄牵"。[1]劄牵的做法在南方非常常见，从江南的苏州玄妙观三清殿，到金华武义延福寺大殿都有类似的构件。

浙闽风土建筑中，劄牵不仅仅连接金柱与檐檩，而是连接穿斗结构的每一根立柱或束柱与其相邻的檩条。并且，劄牵的曲线常被夸张化，形成了多种多样的形式。这些做法也跟随佛教传到日本，在禅宗建筑中十分常见，被称为"海老虹梁"（"海老"为虾的意思，比喻梁背如虾般拱起）。这种改良的劄牵结构由于造型奇特，意趣十足，在浙闽各个地区都有十分生动的叫法。浙南地区将其称为"<u>大头梁</u>"或"<u>泥鳅梁</u>"；

---

① 梁思成.营造法式注释 // 梁思成全集第 7 卷 [M].北京：中国建筑工业出版社，2001：125.

| 闽东"猫栿" | 浙南"泥鳅梁" | 浙西"水梁" |

图 3.9 曲线劄牵

在闽东一带，由于其形状像猫即将扑鼠时的样子而将其称为"<u>猫栿</u>"；在闽南称作"<u>束木</u>"，言其用于梁架之间的牵制与约束；在徽州地区，也有类似的构件，但多演变为"<u>象鼻子</u>"，失去了结构的意义；而浙江东阳、兰溪一带则进一步夸大这种弯曲的意向，几乎成为卷草形，当地称作"<u>水梁</u>""<u>猫梁</u>"（图 3.9）。

（4）<u>看架</u>

在闽东地区，阑额、内额常常做成复合构架的形制，称为"<u>看架</u>"。看架是在门楣、寿梁、额枋之上施斗拱及弯枋，形成纵向构架系统。这是由宋代的扶壁拱也就是"襻间"做法中发展而来的构架形式。一般为弯枋上承托连续的一斗三升。有的<u>看架</u>的一斗三升做成"连拱"的形式，有的则是独立的一斗三升。看架作为联系构件，一斗三升并不承重，可见，<u>看架</u>以装饰性为主，甚至有一些<u>看架</u>雕刻复杂，已经看不出斗拱的样子。

看架是闽东地区比较独特的明间内阑额做法，也有着比较广泛的分布。在闽东地区，如屏南漈下甘宅（46 号）<u>看架</u>，为独立的一斗三升加弧形连枋并列组合而成，整体没有雕饰，造型简洁；与漈下村距离不远的漈头村张宅（45 号）的做法与之类似，不过<u>看架</u>断面更高，因此一斗三升不与连枋并列而是置于连枋之上，整体造型也非常简洁。到了福安廉村的"甲第延龄"宅（32 号），厅堂<u>看架</u>也分上下两层，上部为一斗三升，下部为连枋，不过构件开始出现装饰化变形，上部一斗三升互相组合形成了"连拱"的形式。福州三坊七巷民居的<u>看架</u>装饰性比较强，如小黄楼的<u>看架</u>，变为三层，斗拱组合更为复杂，最上层和连枋下出现了装饰性构件，而水榭戏台的<u>看架</u>则直接变成一堆复杂雕刻的堆叠。周宁浦源郑应文故居一层堂屋<u>看架</u>则已经出现了比较明显的退化倾向，连枋与斗拱的形式全部消失，成为一个个独立的构件，形成花瓶加蝙蝠翅膀组合的吉祥图案（图 3.10）。

除了闽东之外，浙闽地区也有若干使用<u>看架</u>的例子，如漳浦蓝廷珍宅（78 号）入口额枋采用了看架的做法，虽然装饰性雕刻较多，不过蓝宅的<u>看架</u>保留了较多原始扶壁拱的特点。又如台州市椒江区葭沚老街某宅，<u>看架</u>也做了装饰化变形，总体为单层，保留了一斗三升，并在一斗三升上部增加了壶门形装饰板（图 3.11）。

屏南漈下

屏南漈头

福安廉村[①]

三坊七巷水榭戏台

三坊七巷小黄楼

周宁浦源郑宅

图 3.10　看架

① 戴志坚. 福建民居 [M]. 北京：中国建筑工业出版社，2009：197.

漳浦蓝廷珍故居[①]　　　　　　　　　　椒江葭沚老街

图 3.11　闽东以外地区的"看架"

柱与柱础

浙闽地区，柱子主要分为圆柱与方柱两种。圆柱断面通常为圆形或椭圆形，是中国传统木构建筑最常用的柱样式；而方柱断面多为抹角的正方形，抹角方法从简单的45°斜切面到各种复杂线脚不等。

柱础包括磉墩和柱顶石（柱碛），浙闽风度建筑柱础做法多兼有磉墩与柱顶石，但柱顶石的形状从方形到圆形、鼓形、半球形、复杂雕刻式不等。然而根据地方建筑文化不同，也有采用木质柱碛，或只用磉墩，不用柱顶石的情况出现。

（1）柱

浙闽地区，柱子截面以圆形、方形抹角较为普遍，而且在同一栋建筑中，这些柱子经常混杂使用。在温州泰顺地区，一般是当心间的前檐柱和前金柱使用圆柱，且直径要比其他的柱子大；而温州平阳地区则倾向使用方柱，圆柱仅在楼梯间等部位使用；到了闽东地区，则一般是民间的前檐柱使用方柱；最后到闽南潮汕地区，则以石质方柱较为流行。

圆柱柱身细长，上细下粗，略有收分，在柱顶有卷杀。方柱的每面抹角以外的部分被工匠称为"<u>面部</u>"（图 3.12），<u>面部</u>的尺寸确定，福建工匠与浙江金华工匠的方法是不同的。福建工匠不论柱子尺

图 3.12　方柱与"面部"

---

① 戴志坚. 福建民居 [M]. 北京：中国建筑工业出版社，2009：144.

永嘉埭头陈宅　　　　　屏南漈头张宅　　　　　　　平阳青街李氏二份大屋

图 3.13　平面中的方柱布局

寸大小，<u>面部尺寸为 3 寸的定值，其余部分均做抹角</u>；而金华工匠则根据比例确定<u>面部与抹角部分的尺寸</u>。[①]

（2）平面中的柱布局

浙闽风土建筑中，按照平面中不同位置，会使用不同形制的柱。主要有：满堂圆柱、圆檐柱方内柱、方檐柱圆内柱、满堂方柱四种做法（图 3.13）。

满堂圆柱：虽然浙闽地区存在着方柱做法，且集中在浙南闽东地区，但总体而言，满堂圆柱依然是主流，绝大多数的建筑都采用满堂圆柱的形式。浙闽地区的满堂圆柱中也有一些特殊做法，如闽东地区有些与墙面结合的圆柱断面会做成椭圆形，并将长轴面向外，并用较小木料达到粗壮的柱子效果。而浙东、浙西、潮汕地区，会将前檐柱做成梭柱形式，上下两端均有收分，与《营造法式》中两端收分的梭柱做法一致。

圆檐柱方内柱：温州地区瓯江以北大多采用的做法，将檐柱或前廊柱做圆柱，其余在墙面内的柱子则均为方柱。如温州市永嘉县埭头村陈贤楼宅（243 号）即为此种做法。檐柱位置重要，非常显眼，故做成圆柱，而室内柱子为了与墙面、家具结合方便做成方柱。说明在这一地区圆柱等级高于方柱。

方檐柱圆内柱：浙南闽东风土建筑中大多把檐柱做成方柱，有些则只把明间檐柱做成方柱，其余柱子依旧为圆柱。明间方檐柱的例子很多，如福建宁德市屏南县漈头村张宅（45 号）就是将檐柱做方柱，方柱四个抹角做成两个梅花瓣形线脚，由于该线脚也像银杏叶的缺口，也称为"<u>银杏面</u>"。

满堂方柱：浙南风土建筑中有些大型合院式建筑全部用方柱。如温州市平阳县青街乡的李氏二份大屋（246 号），除去楼梯间部位，其余柱子均为方柱。同村建于明代的池氏大屋，同样也是所有柱子均为方柱。另一个满堂方柱的例子是永嘉县花坛马湾

---

① 孔磊，刘杰 . 泰顺传统建筑木作技术研究 [J]. 华中建筑，2008（7）：157–164.

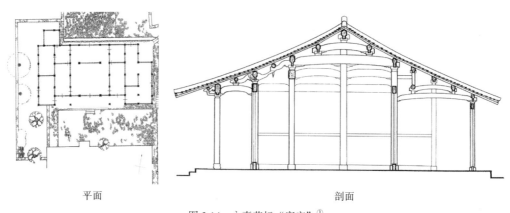

| 平面 | 剖面 |

图 3.14　永嘉花坛"宋宅"①

村的"宋宅"（234 号，图 3.14），相传建于南宋，形制为"一"字形长屋，所有柱子均为方柱。同时，"宋宅"旁边还有"一"字形长屋一座、四合院民居一座，三组建筑都非常老旧，很有可能是楠溪江流域最古老的风土建筑。而且，这三组建筑所有的柱子都是方柱。

（3）柱顶石

柱础一般为两部分组成。下部为礩墩，礩墩一般为方形块石，嵌入房屋地坪，为立柱的基石。浙闽风土建筑中一般都有礩墩。柱础上部为柱顶石，露出地面，上面承托柱子，柱顶石一般是为了防止地面潮气上升腐蚀木质柱子而设立的。早期并没有柱顶石，而是采用横纹的木材防止潮气上升，在河南安阳殷墟还发现过铜制的柱锧。早期的木楯和铜锧，外形呈简单的球面泛水的形式，与后世柱楯或石质柱顶石的形制基本一致。而后世石质的柱礩越来越多，形制与雕刻也越来越复杂。

木柱楯：木柱楯的纹理为横向平置，可有效防止水分顺纹上升，起到保护柱身的作用。目前依旧保留木柱楯做法的风土建筑主要分布在闽西北临近江西的地区。如邵武和平黄氏大夫第（181 号）。其正房由石质礩墩与木柱楯组合而成，石质礩墩为棱柱形，

图 3.15　木柱楯

上部截面为八边形，下部有一个方形的基座；木柱楯形由两片组成，下部为覆盆形状，上部近似椭球，有阴刻花纹。有意思的是，黄氏大夫第的礩墩并未嵌入地坪中，而是立与砖砌基础之上（图 3.15）。

方形柱顶石：方形柱顶石是浙南地区风土建筑大量使用的柱顶石形式。方形柱顶石有的

① 李秋香，罗德胤，贺从容，等 . 福建民居 [M]. 北京：清华大学出版社，2010：21-22.

李氏二份大屋　　　　坡南黄宅　　　　　垄口祖厝　　　　　雷位进宅

图 3.16　方形柱顶石

为规则的立方体,而更多的是采用立方台形,顶面尺寸略小于底面尺寸,柱顶石侧面和顶面的楞一般会做抹角处理,使柱顶石转角平滑,如平阳青街李氏二份大屋(246 号)的柱顶石。

　　方形柱顶石中也存在着比较复杂的雕刻式柱顶石。如平阳县坡南街区的黄宅(245号),其方形柱顶石的中下部做了一条凸楞,形成了曲线的造型。又如永泰嵩口垄口祖厝(49 号)中门方柱的柱顶石,下部收分,整体呈斗形,同样的形制在屏南漈头村也能看到。而霞浦县半月里雷位进宅(27 号)的方形柱顶石,腹部鼓出,形状已经比较接近圆形柱顶石。可以看出,这些复杂的方形柱顶石,或多或少都与江南正统的圆形柱顶石有着一些相似点,有可能是简单方形柱顶石受到圆形柱顶石影响的产物(图3.16)。

　　圆柱形柱顶石:在福建中部山区(闽江流域)有一部分建筑的柱顶石截面与柱子一致,为圆柱形,且没有雕刻,仿佛柱顶石只是因为柱子底端腐朽而替换上去的。圆柱形柱顶石在福建中部山区比较常见,如德化格头连氏祖厝(100 号,图 3.17),所有柱子都使用圆柱形柱顶石,柱顶石的截面面积略大于柱子截面,且并不施加任何雕刻。有一些圆柱形柱顶石风化已经比较严重,应当有一定的历史。

　　雕刻式柱顶石:鼓形、覆莲形等雕刻精美的柱顶石,在中国各地都非常常见。浙闽风土建筑中的雕刻式柱顶石,形制上也并无太多特殊之处(图 3.18)。

　　无柱顶石:浙闽地区今天依旧存在着少数不用柱顶石的案例,如连城芷溪绍德堂(151 号),是建于清嘉庆年间的四进三开间二直(护厝)大型宅邸,其中,仅

图 3.17　连氏祖厝的圆柱形柱顶石

永嘉埭头 武夷山下梅

永安安贞堡

图 3.18　雕刻式柱顶石

大厅与下厅的前廊双柱使用圆形柱顶石并施以花草题材的浅浮雕，其他柱子均不施柱顶石。又如永安贡川金鱼堂（113 号，图 3.19），始建于明天启四年（1624），主体为两进七开间四合院，除了大厅太师壁两侧柱子采用圆形柱顶石外，其余部分皆不施

图 3.19　永安贡川金鱼堂

柱顶石。[1]值得注意的是，大厅太师壁处于室内，并未使用容易受雨水、潮气侵蚀的檐柱，而是内柱施柱顶石，说明这里柱顶石更多的是起装饰的作用。

构架做法的地域性

（1）梁架体系的地域性

浙闽风土建筑构架类型一览如表 3.1 所示。穿斗式构架记为"穿"；抬梁式构架记为"抬"；穿斗抬梁混合式构架记为"混"，其中插梁式构架记为"混 –1"，而明间抬梁或构架部分抬梁、部分穿斗的记为"混 –2"；砖墙承重结构记为"砖"；不明与未调查的记为"–"。

---

① 　戴志坚 . 福建民居 [M]. 北京：中国建筑工业出版社，2009：229.

表 3.1　构架类型一览

地域	编号	案例	年代	类型	编号	案例	年代	类型
闽东地区	001	福州埕宅	–	混 -1	002	福州扬岐游宅	民国	穿
	003	福州宫巷刘宅	清	穿	004	福州某宅	–	混 -1
	005	永泰李宅	–	–	006	古田松台某宅	–	穿
	007	古田张宅	–	穿	008	古田利洋花厝	–	穿
	009	古田沽洋陈宅	–	混 -1	010	古田吴厝里某宅	–	混 -1
	011	古田风埔某宅	–	–	012	古田于宅	–	穿
	013	福安茜洋桥头某宅	–	–	014	闽清东城厝	–	–
	015	福安楼下保合太和宅	–	穿	016	福安楼下两兄弟住宅	–	穿
	017	福安楼下王炳忠宅	–	穿	018	福州宫巷沈宅	明末	穿
	019	福州文儒坊陈宅	清	穿	020	福州衣锦坊欧阳宅	1890 年	穿
	021	福鼎白琳洋里大厝	1745 年	穿	022	闽清坂东岐庐	1853 年	–
	023	宁德霍童下街陈宅	清中期	穿	024	宁德霍童黄宅	清中期	混 -1
	025	宁德霍童下街 72 号	清中期	混 -2	026	霞浦半月里雷世儒宅	1848 年	穿
	027	霞浦半月里雷位进宅	清中期	穿	028	福安坦洋王宅	清末	穿
	029	福安坦洋郭宅	清末	穿	030	福安坦洋胡宅	清末	穿
	031	福安廉村就日瞻云宅	清中期	穿	032	福安廉村甲算延龄宅	清末	穿
	033	尤溪桂峰楼坪厅大厝	清初期	穿	034	尤溪桂峰后门山大厝	明末	混 -2
	035	尤溪桂峰后门岭大厝	1747 年	混 -1	036	福清一都东关寨	1736 年	–
	037	闽清某宅	–	穿	038	闽清宏琳厝	1795 年	–
	039	尤溪某农家	–	穿	040	罗源梧桐五鱼厝	清初期	穿
	041	罗源梧桐水仙关	清	混 -1	042	罗源梧桐孔照厝	清	混 -1
	043	罗源梧桐旗杆里	民国	混 -1	044	周宁浦源郑宅	清末	混 -1
	045	屏南漈头张宅	清	混 -1	046	屏南漈下甘宅	明末	混 -1
	047	屏南漈下某宅	明末	混 -1	048	尤溪桂峰蔡宅	清	穿
	049	永泰嵩口垄口祖厝	1768 年	穿	050	福鼎西阳陈宅	–	穿
莆仙地区	051	涵江林宅	1940 年	砖	052	莆田江口某宅	–	砖
	053	仙游陈宅	明末	穿	054	仙游榜头仙水大厅	1446 年	–
	055	涵江江口佘宅	–	砖	056	仙游仙华陈宅	–	穿
	057	仙游枫亭陈和发宅	–	–	058	仙游坂头鸳鸯大厝	1911 年	混 -2
	059	莆田大宗伯第	1592 年	混 -2				
闽南地区	060	永春郑宅	1910 年	穿	061	漳平上桂林黄宅	清中期	混 -2
	062	漳平下桂林刘宅	清	混 -2	063	泉州吴宅	清中期	–
	064	泉州蔡宅	1904 年	混 -1	065	泉州某宅	–	–

续表

地域	编号	案例	年代	类型	编号	案例	年代	类型
闽南地区	066	泉州黄宅	–	混 -1	067	晋江青阳庄宅	1934 年	混 -1
	068	晋江某宅	–	混 -1	069	晋江大伦蔡宅	–	–
	070	集美陈宅	–	混 -1	071	集美陈氏住宅	–	砖
	072	漳州南门某住宅	–	砖	073	龙岩新邱厝	1888 年	抬
	074	泉州亭店杨阿苗宅	1894 年	混 -2	075	南安官桥蔡资深宅	清	–
	076	泉州泉港黄素石楼	1741 年	–	077	南安石井中宪第	1728 年	混 -2
	078	漳浦湖西蓝廷珍宅	清中期	混 -1	079	漳州官园蔡竹禅宅	清中期	–
	080	厦门鼓浪屿大夫第	1796 年	–	081	漳浦湖西赵家堡	明末	抬
	082	德化硕杰大兴堡	1722 年	–	083	华安岱山齐云楼	1862 年	–
	084	华安大地二宜楼	1740 年	砖	085	漳浦深土锦江楼	1791 年	–
	086	晋江石狮镇某宅	–	砖	087	晋江大伦乡某宅	–	砖
	088	龙岩适中太和楼	–	砖	089	龙岩毛主席旧居	–	砖
	090	龙岩适中典常楼	1784 年	砖	091	南安湖内村土楼	清末	砖
	092	南安炉中村土楼	1857 年	穿	093	南安大厅映峰楼	明末	穿
	094	南安朵桥聚奎楼	清中期	穿	095	南安铺前庆原楼	清	穿
	096	安溪玳堤德美楼	民国	穿	097	安溪山后村土楼	清	砖
	098	安溪玳堤联芳楼	清末	穿	099	德化承泽黄宅	民国	混 -1
	100	德化格头连氏祖厝	1508 年	混 -1				
闽中地区	101	永安西洋邢宅	–	穿	102	三明莘口陈宅	–	穿
	103	三明魏宅	民国	穿	104	三明列西罗宅	–	穿
	105	三明列西吴宅	–	混 -2	106	永安小陶某宅	–	穿
	107	永安安贞堡	1885 年	混 -1	108	沙县茶丰峡孝子坊	1829 年	–
	109	三元莘口松庆堡	清中期	–	110	沙县建国路东巷 29 号	清末	混 -1
	111	沙县东大路 72 号	清末	穿	112	永安贡川机垣杨公祠	1778 年	混 -2
	113	永安贡川金鱼堂	1624 年	混 -2	114	永安贡川严进士宅	明末	混 -1
	115	永安福庄某宅	–	穿	116	永安青水东兴堂	1810 年	混 -1
闽西客家地区	117	上杭古田八甲廖宅	–	混 -1	118	新泉张宅	–	穿
	119	新泉芷溪黄宅	–	混 -1	120	新泉张氏住宅	–	穿
	121	新泉望云草堂	–	混 -1	122	连城莒溪罗宅	–	穿
	123	长汀洪家巷罗宅	–	穿	124	长汀辛耕别墅	–	穿
	125	上杭古田张宅	–	穿	126	连城培田双善堂	清中期	穿
	127	连城培田敦朴堂	–	穿	128	连城培田双灼堂	清末	穿
	129	连城培田继述堂	1829 年	–	130	连城培田济美堂	清末	混 -1

续表

地域	编号	案例	年代	类型	编号	案例	年代	类型
闽西客家地区	131	南靖石桥村永安楼	16世纪	穿	132	南靖石桥村昭德楼	–	穿
	133	南靖石桥村长篮楼	清	穿	134	南靖石桥村逢源楼	–	穿
	135	南靖石桥村振德楼	–	穿	136	南靖石桥村顺裕楼	1927年	穿
	137	南靖田螺坑步云楼	清初期	砖	138	南靖梅林和贵楼	1926年	穿
	139	平和西安西爽楼	1679年	–	140	永定高陂遗经楼	1806年	砖
	141	永定高北承启楼	1709年	砖	142	永定湖坑振成楼	1912年	–
	143	平和芦溪厥宁楼	1720年	–	144	南靖梅林怀远楼	1909年	穿
	145	永定高陂大夫第	1828年	穿	146	永定洪坑福裕楼	1880年	–
	147	连城培田官厅	明末	穿	148	连城培田都阃府	–	–
	149	连城芷溪集鳣堂	清初期	穿	150	连城芷溪凝禧堂	清末	混-2
	151	连城芷溪绍德堂	清中期	混-2	152	连城芷溪培兰堂	清末	混-2
	153	连城芷溪蹑云山房	清末	混-2	154	永定抚市某宅		砖
	155	永定鹊岭村长福楼	民国	砖				
闽北地区	156	建瓯伍石村冯宅	–	混-1	157	建瓯朱宅	–	混-1
	158	浦城中坊叶氏住宅		混-1	159	浦城上坊叶氏大厝	清	混-1
	160	浦城观前饶加年宅		混-1	161	浦城观前余天孙宅		混-1
	162	浦城观前余有莲宅	–	混-1	163	浦城观前张宅		混-1
	164	武夷山下梅邹氏大夫第	1754年	混-1	165	武夷山下梅儒学正堂	清中期	混-1
	166	武夷山下梅参军第	清中期	混-1	167	崇安郊区蓝汤应宅	–	穿
	168	南平洛洋某宅	–	混-2	169	邵武中书第	明末	混-1
	170	邵武和平廖氏大夫第	清末	混-1	171	邵武金坑儒林郎第	1632年	混-1
	172	邵武金坑16号李宅	–	混-1	173	邵武金坑中翰第	–	穿
	174	邵武大埠岗中翰第	–	穿	175	邵武和平李氏大夫第	清末	穿
	176	宁化安远某宅	–	穿	177	建宁丁宅	–	穿
	178	泰宁尚书第	明末	混-1	179	光泽崇仁裴宅	明末	混-1
	180	光泽崇仁龚宅	明末	混-1	181	邵武和平黄氏大夫第	明	混-1
广东潮汕地区	182	潮州弘农旧家	–	砖	183	揭阳新亨北良某宅	–	砖
	184	潮阳棉城某宅	–	砖	185	棉城义立厅某宅	–	砖
	186	揭阳锡西乡某宅	–	砖	187	潮州许驸马府	传说宋	混-1
	188	潮州三达尊黄府	明末	混-2	189	潮阳桃溪乡图库	–	砖
	190	普宁洪阳新寨	–	–	191	潮安坑门乡扬厝寨	–	砖
	192	潮安象埔寨	传说宋	–	193	潮州辛厝巷王宅	–	砖
	194	潮州王厝堀池垹饶宅	–	砖	195	普宁泥沟某宅	–	砖

续表

地域	编号	案例	年代	类型	编号	案例	年代	类型
广东潮汕地区	196	澄海城关安庆巷某宅	–	砖	197	潮州梨花梦处书斋	清末	砖
	198	澄海樟林某宅	–	砖				
浙东地区	199	宁波张煌言故居	–	–	200	宁波庄市镇葛宅	–	–
	201	庄市镇大树下某宅	–	–	202	奉化岩头毛氏旧宅	–	–
	203	宁波走马塘村老流房	–	–	204	慈城甲第世家	明末	–
	205	慈溪龙山镇天叙堂	1929 年	–	206	诸暨斯宅斯盛居	清中期	–
	207	诸暨斯宅发祥居	1790 年	抬	208	诸暨斯宅华国公别墅	–	抬
	209	天台妙山巷怀德楼	–	抬	210	天台城关茂宝堂	–	混 -2
	211	天台城关张文郁宅	明末	–	212	天台街关余氏民居	–	–
	213	绍兴仓桥直街施宅	–	穿	214	绍兴题扇桥某宅	–	穿
	215	绍兴下大路陈宅	–	穿	216	宁波鄞江镇陈宅	–	穿
	217	黄岩黄土岭虞宅	–	穿	218	黄岩天长街某宅	–	穿
	219	天台紫来楼	清	混 -2	220	宁波月湖中营巷张宅	清	混 -1
	221	宁波月湖天一巷刘宅	民国	穿	222	宁波月湖青石街闻宅	清	穿
	223	宁波月湖青石街张宅	清	穿	224	黄岩司厅巷汪宅	民国	穿
	225	黄岩司厅巷 16 号张宅	清末	混 -1	226	黄岩司厅巷 32 号洪宅	清	混 -1
浙南地区	227	永嘉埭头陈宅	清末	穿	228	泰顺上洪黄宅	–	穿
	229	平阳顺溪户侯第	清	–	230	平阳腾蛟苏步青故居	民国	穿
	231	永嘉芙蓉村北甲宅	–	穿	232	永嘉芙蓉村北乙宅	–	穿
	233	永嘉水云十五间宅	清末	穿	234	永嘉花坛"宋宅"	传说宋	混 -2
	235	永嘉埭头松风水月宅	清	混 -1	236	永嘉蓬溪村谢宅	–	穿
	237	永嘉林坑毛步松宅	–	穿	238	永嘉东占坳黄宅	–	穿
	239	景宁小佐严宅	民国	穿	240	景宁桃源某宅	清	穿
	241	文成梧溪富宅	清末	穿	242	永嘉林坑某宅	–	穿
	243	永嘉埭头陈贤楼宅	清	混 -1	244	乐清黄檀洞某宅	–	混 -1
	245	平阳坡南黄宅	清	穿	246	青街李氏二份大屋	清	混
	247	苍南碗窑朱宅	清	穿	248	泰顺百福岩周宅	清	穿
浙西地区	249	龙游丁家某宅	–	–	250	龙游若塘丁宅	–	–
	251	龙游脉元龚氏住宅	–	–	252	兰溪长乐村望云楼	明	混 -1
	253	龙游溪口傅家大院	–	–	254	松阳望松黄家大院	–	–
	255	江山廿八都丁家大院	–	混 -2	256	江山廿八都杨宅	–	–
	257	松阳李坑村 46 号	–	–	258	衢州峡口徐开校宅	1910 年	穿
	259	衢州峡口徐瑞阳宅	清末	混 -2	260	衢州峡口徐文金宅	–	混 -2

续表

地域	编号	案例	年代	类型	编号	案例	年代	类型
浙西地区	261	衢州峡口郑百万宅	清	混-2	262	衢州峡口刘文贵宅	清	穿
	263	衢州峡口周树根宅	民国	混-2	264	衢州峡口周朝柱宅	民国	穿
	265	遂昌王村口某宅	–	穿				
浙中地区	266	东阳白坦乡务本堂	清	抬	267	东阳史家庄花厅	–	混-2
	268	武义俞源声远堂	明末	混-2	269	武义郭洞燕翼堂	–	抬
	270	磐安榉溪余庆堂	–	–	271	缙云河阳循规映月宅	–	–
	272	缙云河阳廉让之间宅	–	–	273	东阳黄田畈前台门	–	–
	274	义乌雅端容安堂	–	–	275	金华雅畈二村七家厅	明	混-2
	276	东阳紫薇山尚书第	明末	–	277	东阳六石镇肇庆堂	明	–
	278	武义俞源裕后堂	1785年	混-2	279	武义俞源上万春堂	–	–
	280	东阳湖溪镇马上桥花厅	清	–	281	东阳卢宅	明	混-2
	282	浦江郑氏义门	清	–	283	建德新叶华尊堂	明	混-2
	284	建德新叶种德堂	民国	混-2	285	建德新叶是亦居	民国	混-2
	286	武义俞源玉润珠辉宅	–	穿	287	武义郭洞新屋里宅	明末	混-2
	288	武义郭上萃华堂	–	–	289	武义郭下慎德堂	–	–
	290	东阳巍山镇赵宅	–	穿	291	东阳水阁庄叶宅	–	混-2
	292	东阳城西街杜宅	–	–	293	缙云河阳朱宅	清	穿

　　从构架类型（表 3.2）来看，浙闽地区穿斗式构架的使用率无疑是最高的，而纯粹的抬梁式构架则极少出现。闽东、闽中、闽西、浙东、浙南地区，穿斗式构架的使用率整体较高，而闽北地区则以插梁式构造为主。浙西与浙中地区，以厅堂用抬梁式，其余房间用穿斗式的做法为主。最后，在闽南、莆仙以及潮汕一带，舍弃木质梁柱构造而采用墙上搁檩的墙承重体系反而成了主流。

表 3.2　各地域构架类型统计

	穿	抬	混-1	混-2	砖
闽东	27/42	0	13/42	2/42	0
莆仙	2/7	0	0	2/7	3/7
闽南	7/32	2/31	8/31	4/31	10/31
闽中	7/14	0	4/14	3/14	0
闽西	18/31	0	4/31	4/31	5/31
闽北	6/26	0	19/26	1/26	0
潮汕	0	0	1/15	1/15	13/15
浙东	10/18	3/18	3/18	2/18	0
浙南	16/21	0	4/21	1/21	0
浙西	4/10	0	1/10	5/10	0
浙中	3/15	2/15	0	10/15	0

（2）梁枋的地域性

浙闽风土建筑梁类型一览如表 3.3 所示。其一为主梁的类型，主要以案例的正房厅堂主梁（穿斗式构造则为厅堂主梁架中最长的那根）为考察对象。直梁记为"直"，其中圆形断面的为"圆直"，矩形断面的为"扁直"；月梁记为"曲"，其中圆形断面的为"圆曲"，矩形断面的为"扁曲"；墙承重无梁的状态记为"无"。其二为曲线劄牵的类型，同样以案例正房厅堂主梁架为考察对象。其中每两根立柱（或束柱）间都有曲线劄牵的记为"○"；仅部分柱间有的记为"△"；完全不采用曲线劄牵做法的记为"×"；不明与未调查的记为"-"。

表 3.3　梁类型一览

地域	编号	案例	年代	主梁	劄牵	编号	案例	年代	主梁	劄牵
闽东地区	001	福州埕宅	-	扁直	○	002	福州扬岐游宅	民国	扁直	△
	003	福州宫巷刘宅	清	扁直	×	004	福州某宅	-	扁直	○
	005	永泰李宅	-	-	-	006	古田松台某宅	-	扁直	△
	007	古田张宅	-	扁直	×	008	古田利洋花厝	-	扁直	△
	009	古田沽洋陈宅	-	扁直	○	010	古田吴厝里某宅	-	扁直	△
	011	古田凤埔某宅	-	-	-	012	古田于宅	-	扁直	×
	013	福安茜洋桥头某宅	-	-	-	014	闽清东城厝	-	-	-
	015	福安楼下保合太和宅	-	扁曲	○	016	福安楼下两兄弟住宅	-	-	-
	017	福安楼下王炳忠宅	-	扁曲	○	018	福州宫巷沈宅	明末	圆直	○
	019	福州文儒坊陈宅	清	-	-	020	福州衣锦坊欧阳宅	1890 年	-	-
	021	福鼎白琳洋里大厝	1745 年	圆曲	○	022	闽清坂东岐庐	1853 年	-	-
	023	宁德霍童下街陈宅	清中期	扁直	△	024	宁德霍童黄宅	清中期	扁直	△
	025	宁德霍童下街 72 号	清中期	扁直	△	026	霞浦半月里雷世儒宅	1848 年	扁直	○
	027	霞浦半月里雷位进宅	清中期	扁直	△	028	福安坦洋王宅	清末	扁直	×
	029	福安坦洋郭宅	清末	扁直	×	030	福安坦洋胡宅	清末	扁直	×
	031	福安廉村就日瞻云宅	清中期	扁直	△	032	福安廉村甲算延龄宅	清末	扁直	△
	033	尤溪桂峰楼坪厅大厝	清初期	扁直	△	034	尤溪桂峰后门山大厝	明末	扁直	△
	035	尤溪桂峰后门岭大厝	1747 年	扁直	△	036	福清一都东关寨	1736 年	-	-
	037	闽清某宅	-	扁直	○	038	闽清宏琳厝	1795 年	-	-
	039	尤溪某农家	-	-	-	040	罗源梧桐五鱼厝	清初期	扁曲	○
	041	罗源梧桐水仙关	清	扁直	○	042	罗源梧桐孔照厝	清	扁直	○
	043	罗源梧桐旗杆里	民国	圆直	○	044	周宁浦源郑宅	清末	扁直	○
	045	屏南漈头张宅	清	扁直	○	046	屏南漈下甘宅	明末	扁直	○
	047	屏南漈下某宅	明末	扁直	○	048	尤溪桂峰蔡宅	清	扁直	○
	049	永泰嵩口垄口祖厝	1768 年	扁直	○	050	福鼎西阳陈宅	-	扁直	○
莆仙地区	051	涵江林宅	1940 年	无	×	052	莆田江口某宅	-	无	×
	053	仙游陈宅	明末	圆曲	○	054	仙游榜头仙水大厅	1446 年	-	-

续表

地域	编号	案例	年代	主梁	劄牵	编号	案例	年代	主梁	劄牵
莆仙地区	055	涵江江口佘宅	–	无	×	056	仙游仙华陈宅	–	–	–
	057	仙游枫亭陈和发宅	–	–	–	058	仙游坂头鸳鸯大厝	1911年	–	–
	059	莆田大宗伯第	1592年	–	–					
闽南地区	060	永春郑宅	1910年	圆直	△	061	漳平上桂林黄宅	清中期	圆直	×
	062	漳平下桂林刘宅	清	圆直	○	063	泉州吴宅	清中期	–	×
	064	泉州蔡宅	1904年	圆曲	△	065	泉州某宅	–	无	×
	066	泉州黄宅	–	扁直	×	067	晋江青阳庄宅	1934年	扁直	△
	068	晋江某宅	–	圆直	△	069	晋江大伦蔡宅	–	–	×
	070	集美陈宅	–	圆直	×	071	集美陈氏住宅	–	无	×
	072	漳州南门某住宅	–	无	×	073	龙岩新邱厝	1888年	圆直	△
	074	泉州亭店杨阿苗宅	1894年	扁曲	△	075	南安官桥蔡资深宅	清	–	–
	076	泉州泉港黄素石楼	1741年	–	–	077	南安石井中宪第	1728年	圆直	△
	078	漳浦湖西蓝廷珍宅	清中期	–	–	079	漳州官园蔡竹禅宅	清中期	–	–
	080	厦门鼓浪屿大夫第	1796年	–	–	081	漳浦湖西赵家堡	明末	圆直	×
	082	德化硕杰大兴堡	1722年	–	–	083	华安岱山齐云楼	1862年	–	–
	084	华安大地二宜楼	1740年	圆直	×	085	漳浦深土锦江楼	1791年	–	–
	086	晋江石狮镇某宅	–	–	–	087	晋江大伦乡某宅	–	无	×
	088	龙岩适中太和楼	–	–	–	089	龙岩毛主席旧居	–	–	–
	090	龙岩适中典常楼	1784年	无	×	091	南安湖内村土楼	清末	无	×
	092	南安炉中村土楼	1857年	–	×	093	南安南厅映峰楼	明末	–	×
	094	南安朵桥聚奎楼	清中期	–	×	095	南安铺前庆原楼	清	–	×
	096	安溪玳瑅德美楼	民国	–	×	097	安溪山后村土楼	清	无	×
	098	安溪玳瑅联芳楼	清末	圆直	×	099	德化承泽黄宅	民国	扁直	○
	100	德化格头连氏祖厝	1508年	圆直	○					
闽中地区	101	永安西洋邢宅	–	扁直	△	102	三明莘口陈宅	–	扁直	×
	103	三明魏宅	民国	扁直	×	104	三明列西罗宅	–	扁直	×
	105	三明列西吴宅	–	扁曲	△	106	永安小陶某宅	–	扁直	△
	107	永安安贞堡	1885年	扁直	△	108	沙县茶丰峡孝子坊	1829年	–	–
	109	三元莘口松庆堡	清中期	–	–	110	沙县建国路东巷29号	清末	圆曲	○
	111	沙县东大路72号	清末	圆曲	○	112	永安贡川机垣杨公祠	1778年	圆曲	△
	113	永安贡川金鱼堂	1624年	扁曲	△	114	永安贡川严进士宅	明末	圆曲	△
	115	永安福庄某宅	–	–	–	116	永安青水东兴堂	1810年	圆曲	△
闽西客家地区	117	上杭古田八甲廖宅	–	扁直	△	118	新泉张宅	–	扁曲	△
	119	新泉芷溪黄宅	–	扁曲	△	120	新泉张氏住宅	–	扁直	×
	121	新泉望云草堂	–	扁曲	△	122	连城莒溪罗宅	–	–	–
	123	长汀洪家巷罗宅	–	扁直	×	124	长汀辛耕别墅	–	–	–
	125	上杭古田张宅	–	–	×	126	连城培田双善堂	清中期	–	–

续表

地域	编号	案例	年代	主梁	劄牵	编号	案例	年代	主梁	劄牵
闽西客家地区	127	连城培田敦朴堂	–	扁曲	×	128	连城培田双灼堂	清末	–	×
	129	连城培田继述堂	1829 年	–	–	130	连城培田济美堂	清末	扁曲	×
	131	南靖石桥村永安楼	16 世纪	圆直	×	132	南靖石桥村昭德楼	–	圆直	×
	133	南靖石桥村长篮楼	清	圆直	×	134	南靖石桥村逢源楼	–	圆直	△
	135	南靖石桥村振德楼	–	圆直	×	136	南靖石桥村顺裕楼	1927 年	圆直	×
	137	南靖田螺坑步云楼	清初期	无		138	南靖梅林和贵楼	1926 年	圆直	×
	139	平和西安西爽楼	1679 年	–	–	140	永定高陂遗经楼	1806 年	无	×
	141	永定高北承启楼	1709 年	无		142	永定湖坑振成楼	1912 年	–	–
	143	平和芦溪厥宁楼	1720 年	–		144	南靖梅林怀远楼	1909 年	圆直	△
	145	永定高陂大夫第	1828 年	圆直	△	146	永定洪坑福裕楼	1880 年	–	
	147	连城培田官厅	明末	–		148	连城培田都阃府			
	149	连城芷溪集鳣堂	清初期	扁直	×	150	连城芷溪凝禧堂	清末	圆曲	×
	151	连城芷溪绍德堂	清中期	圆曲	×	152	连城芷溪培兰堂	清末	圆曲	×
	153	连城芷溪蹑云山房	清末	圆曲	×	154	永定抚市某宅	–	无	
	155	永定鹊岭村长福楼	民国	无	×					
闽北地区	156	建瓯伍石村冯宅	–	扁曲	○	157	建瓯朱宅	–	扁曲	○
	158	浦城中坊叶氏住宅	–	扁直	×	159	浦城上坊叶氏大厝	清	扁直	×
	160	浦城观前饶加年宅	–	扁直	×	161	浦城观前余天孙宅	–	扁直	×
	162	浦城观前余有莲宅	–	扁直	×	163	浦城观前张宅	–	扁直	△
	164	下梅邹氏大夫第	1754 年	扁直	×	165	武夷山下梅儒学正堂	清中期	扁直	×
	166	武夷山下梅参军第	清中期	扁直	×	167	崇安郊区蓝汤应宅	–	扁直	×
	168	南平洛洋村某宅	–	圆直	○	169	邵武中书第	明末	扁直	△
	170	邵武和平廖氏大夫第	清末	圆曲	×	171	邵武金坑儒林郎第	1632 年	圆曲	×
	172	邵武金坑 16 号李宅	–	扁直	×	173	邵武金坑中翰第	–	扁直	△
	174	邵武大埠岗中翰第	–	扁曲	×	175	邵武和平李氏大夫第	清末	–	–
	176	宁化安远某宅	–		×	177	建宁丁宅			
	178	泰宁尚书第	明末	扁曲	△	179	光泽崇仁裘宅	明末	圆曲	△
	180	光泽崇仁龚宅	明末	圆曲	×	181	邵武和平黄氏大夫第	明		
广东潮汕地区	182	潮州弘农旧家	–	无	×	183	揭阳新亨北良某宅	–	无	×
	184	潮阳棉城某宅	–	无	×	185	棉城义立厅某宅	–	无	×
	186	揭阳锡西乡某宅	–	无	×	187	潮州许驸马府	传说宋	扁曲	×
	188	潮州三达尊黄府	明末	圆直	×	189	潮阳桃溪乡图库	–	无	×
	190	普宁洪阳新寨	–	–	×	191	潮安坑门乡扬厝寨	–	无	×
	192	潮安象埔寨	传说宋	–	×	193	潮州辛厝巷王宅	–	无	×
	194	潮州王厝堀池墩饶宅	–	无	×	195	普宁泥沟某宅	–	无	×
	196	澄海城关安庆巷某宅	–	无	×	197	潮州梨花梦处书斋	清末	无	×
	198	澄海樟林某宅	–	无	×					

续表

地域	编号	案例	年代	主梁	劄牵	编号	案例	年代	主梁	劄牵
浙东地区	199	宁波张煌言故居	–	–	–	200	宁波庄市镇葛宅	–	–	–
	201	庄市镇大树下某宅	–	–	–	202	奉化岩头毛氏旧宅	–	–	–
	203	宁波走马塘村老流房	–	–	–	204	慈城甲第世家	明末	–	–
	205	慈溪龙山镇天叙堂	1929 年	–	–	206	诸暨斯宅斯盛居	清中期	–	–
	207	诸暨斯宅发祥居	1790 年	–	–	208	诸暨斯宅华国公别墅	–	–	–
	209	天台妙山巷怀德楼	–	扁曲	×	210	天台城关茂宝堂	–	圆曲	○
	211	天台城关张文郁宅	明末	–	–	212	天台街头余氏民居	–	–	–
	213	绍兴仓桥直街施宅	–	扁直	×	214	绍兴题扇桥某宅	–	扁直	×
	215	绍兴下大路陈宅	–	扁直	×	216	宁波鄞江镇陈宅	–	扁直	×
	217	黄岩黄土岭虞宅	–	扁直	×	218	黄岩天长街某宅	–	扁直	×
	219	天台紫来楼	清	圆曲	△	220	宁波月湖中营巷张宅	清	扁曲	△
	221	宁波月湖天一巷刘宅	民国	扁直	×	222	宁波月湖青石街闻宅	清	扁直	×
	223	宁波月湖青石街张宅	清	扁直	×	224	黄岩司厅巷汪宅	民国	圆直	△
	225	黄岩司厅巷 16 号张宅	清末	圆直	×	226	黄岩司厅巷 32 号洪宅	清	圆曲	×
浙南地区	227	永嘉埭头陈宅	清末	–	–	228	泰顺上洪黄宅	–	–	–
	229	平阳顺溪户侯第	清	–	–	230	平阳腾蛟苏步青故居	民国	扁曲	△
	231	永嘉芙蓉村甲北宅	–	扁曲	×	232	永嘉芙蓉村北乙宅	–	–	–
	233	永嘉水云十五间宅	清末	–	–	234	永嘉花坛"宋宅"	传说宋	圆曲	○
	235	永嘉埭头松风水月宅	清	扁曲	△	236	永嘉蓬溪村谢宅	–	–	×
	237	永嘉林坑毛步松宅	–	扁直	×	238	永嘉东占坳黄宅	–	–	×
	239	景宁小佐严宅	民国	扁直	×	240	景宁桃源某宅	清	扁直	×
	241	文成梧溪富宅	清末	圆曲	×	242	永嘉林坑某宅	–	扁曲	×
	243	永嘉埭头陈贤楼宅	清	扁曲	×	244	乐清黄檀洞某宅	–	扁曲	△
	245	平阳坡南黄宅	清	扁曲	×	246	青街李氏二份大屋	清	扁曲	○
	247	苍南碗窑朱宅	清	扁曲	×	248	泰顺百福岩周宅	清	扁直	×
浙西地区	249	龙游丁家某宅	–	–	–	250	龙游若塘丁宅	–	–	–
	251	龙游脉元龚氏住宅	–	–	–	252	兰溪长乐村望云楼	明	圆曲	×
	253	龙游溪口傅家大院	–	–	–	254	松阳望松黄家大院	–	–	–
	255	江山廿八都丁家大院	–	圆曲	△	256	江山廿八都杨宅	–	扁直	×
	257	松阳李坑村 46 号	–	–	–	258	衢州峡口徐开校宅	1910 年	–	–
	259	衢州峡口徐瑞阳宅	清末	扁直	×	260	衢州峡口徐文金宅	–	扁直	△
	261	衢州峡口郑百万宅	清	圆曲	△	262	衢州峡口刘文贵宅	清	–	×
	263	衢州峡口周树根宅	民国	圆曲	△	264	衢州峡口周朝柱宅	民国	–	×
	265	遂昌王村口某宅	–	扁直	–					
浙中地区	266	东阳白坦乡务本堂	清	圆曲	△	267	东阳史家庄花厅	–	–	×
	268	武义俞源声远堂	明末	圆曲	△	269	武义郭洞燕翼堂	–	圆曲	○
	270	磐安榉溪余庆堂	–	–	–	271	缙云河阳循规映月宅	–	–	–

续表

地域	编号	案例	年代	主梁	剳牵	编号	案例	年代	主梁	剳牵
浙中地区	272	缙云河阳廉让之间宅	–	–	–	273	东阳黄田畈前台门	–	–	–
	274	义乌雅端容安堂	–	–	–	275	金华雅畈二村七家厅	明	扁曲	△
	276	东阳紫薇山尚书第	明末	–	–	277	东阳六石镇肇庆堂	明		
	278	武义俞源裕后堂	1785 年	圆曲	△	279	武义俞源上万春堂	–	–	–
	280	东阳马上桥花厅	清	–	–	281	东阳卢宅	明	圆曲	–
	282	浦江郑氏义门	清	–	–	283	建德新叶华尊堂	明	扁直	×
	284	建德新叶种德堂	民国	扁曲	×	285	建德新叶是亦居	民国	扁曲	×
	286	武义俞源玉润珠辉宅	–	扁曲	×	287	武义郭洞新屋里宅	明末		×
	288	武义郭上萃华堂	–	–	–	289	武义郭下慎德堂	–	–	–
	290	东阳巍山镇赵宅	–	扁直	×	291	东阳水阁庄叶宅	–	–	–
	292	东阳城西街杜宅	–	–	–	293	缙云河阳朱宅	清	圆曲	×

梁做法的分布（表 3.4）也充分体现出地方特色。直梁主要集中在福建地区，而月梁则以浙江居多；矩形断面的扁作梁集中出现在闽东、闽北、浙南、浙东一带，而圆作梁则更多集中在闽南、闽西与浙中地区。

曲线的剳牵做法则可以说是浙闽地区风土建筑的一个重要特征，特别是闽东地区，有 84.6% 的案例采用了这种构件。

表 3.4　各地域梁类型统计

	主梁					曲线剳牵		
	圆直	扁直	圆曲	扁曲	无	有	部分有	无
闽东	2/39	32/39	1/39	4/39		20/39	13/39	6/39
莆仙		1/4			3/4	1/4		3/4
闽南	11/23	3/23	1/23	1/23	7/23	3/28	7/28	18/28
闽中		6/13	5/13	2/13		2/13	7/13	4/13
闽西	9/27	4/27	4/27	5/27	5/27		7/29	22/29
闽北	1/22	12/22	4/22	5/22		3/24	5/24	16/24
潮汕	1/15			1/15	13/15			15/15
浙东	2/16	9/16	3/16	2/16		1/16	3/16	12/16
浙南		4/15	2/15	9/15		2/16	3/16	11/16
浙西		4/8	4/8				4/10	6/10
浙中		2/12	6/12	4/12		1/14	4/14	9/14

（3）柱做法的地域性

浙闽风土建筑柱做法一览如表 3.5 所示。其中圆柱记为"圆"；方柱记为"方"；方柱圆柱并用记为"并"；石柱记为"石"；墙承重无柱的情况记为"无"；不明以及未调查的情况记为"–"。

表 3.5　柱做法一览

地域	编号	案例	年代	类型	编号	案例	年代	类型
闽东地区	001	福州埕宅	–	圆	002	福州扬岐游宅	民国	圆
	003	福州宫巷刘宅	清	–	004	福州某宅	–	–
	005	永泰李宅	–	圆	006	古田松台某宅	–	并
	007	古田张宅	–	–	008	古田利洋花厝	–	圆
	009	古田沽洋陈宅	–	–	010	古田吴厝里某宅	–	–
	011	古田凤埔某宅	–	–	012	古田于宅	–	并
	013	福安茜洋桥头某宅	–	–	014	闽清东城厝		
	015	福安楼下保合太和宅	–	圆	016	福安楼下两兄弟住宅	–	圆
	017	福安楼下王炳忠宅	–	圆	018	福州宫巷沈宅	明末	并
	019	福州文儒坊陈宅	清	方	020	福州衣锦坊欧阳宅	1890 年	方
	021	福鼎白琳洋里大厝	1745 年	圆	022	闽清坂东岐庐	1853 年	–
	023	宁德霍童下街陈宅	清中期	–	024	宁德霍童黄宅	清中期	并
	025	宁德霍童下街 72 号	清中期	并	026	霞浦半月里雷世儒宅	1848 年	并
	027	霞浦半月里雷位进宅	清中期	并	028	福安坦洋王宅	清末	圆
	029	福安坦洋郭宅	清末	圆	030	福安坦洋胡宅	清末	圆
	031	福安廉村就日瞻云宅	清中期	圆	032	福安廉村甲算延龄宅	清末	圆
	033	尤溪桂峰楼坪厅大厝	清初期	圆	034	尤溪桂峰后门山大厝	明末	圆
	035	尤溪桂峰后门岭大厝	1747 年	圆	036	福清一都东关寨	1736 年	–
	037	闽清某宅	–	–	038	闽清宏琳厝	1795 年	–
	039	尤溪某农家	–	–	040	罗源梧桐五鱼厝	清初期	圆
	041	罗源梧桐水仙关	清	圆	042	罗源梧桐孔照厝	清	圆
	043	罗源浦源旗杆里	民国	圆	044	周宁浦源郑宅	清末	圆
	045	屏南漈头张宅	清	并	046	屏南漈下甘宅	明末	并
	047	屏南漈下某宅	明末	圆	048	尤溪桂峰蔡宅	清	圆
	049	永泰嵩口垄口祖厝	1768 年	并	050	福鼎西阳陈宅	–	并
莆仙地区	051	涵江林宅	1940 年	石	052	莆田江口某宅	–	圆
	053	仙游陈宅	明末	圆	054	仙游榜头仙水大厅	1446 年	并
	055	涵江江口余宅	–	圆	056	仙游仙华陈宅	–	–
	057	仙游枫亭陈和发宅	–	–	058	仙游坂头鸳鸯大厝	1911 年	–
	059	莆田大宗伯第	1592 年					
闽南地区	060	永春郑宅	1910 年	–	061	漳平上桂林黄宅	清中期	圆
	062	漳平下桂林刘宅	清	–	063	泉州吴宅	清中期	–
	064	泉州蔡宅	1904 年	圆	065	泉州某宅	–	–
	066	泉州黄宅	–	圆	067	晋江青阳庄宅	1934 年	石
	068	晋江某宅	–	石	069	晋江大伦蔡宅	–	石
	070	集美陈宅	–	–	071	集美陈氏住宅	–	无
	072	漳州南门某住宅	–	–	073	龙岩新邱厝	1888 年	圆

续表

地域	编号	案例	年代	类型	编号	案例	年代	类型
闽南地区	074	泉州亭店杨阿苗宅	1894 年	圆	075	南安官桥蔡资深宅	清	–
	076	泉州泉港黄素石楼	1741 年	–	077	南安石井中宪第	1728 年	圆
	078	漳浦湖西蓝廷珍宅	清中期	–	079	漳州官园蔡竹禅宅	清中期	–
	080	厦门鼓浪屿大夫第	1796 年	–	081	漳浦湖西赵家堡	明末	圆
	082	德化硕杰大兴堡	1722 年	–	083	华安岱山齐云楼	1862 年	–
	084	华安大地二宜楼	1740 年	–	085	漳浦深土锦江楼	1791 年	–
	086	晋江石狮镇某宅	–	石	087	晋江大伦乡某宅	–	石
	088	龙岩适中太和楼	–	–	089	龙岩毛主席旧居	–	–
	090	龙岩适中典常楼	1784 年	圆	091	南安湖内村土楼	清末	圆
	092	南安炉中村土楼	1857 年	方	093	南安南厅映峰楼	明末	并
	094	南安朵桥聚奎楼	清中期	并	095	南安铺前庆原楼	清	并
	096	安溪玳瑅德美楼	民国	圆	097	安溪山后村土楼	清	圆
	098	安溪玳瑅联芳楼	清末	圆	099	德化承泽黄宅	民国	圆
	100	德化格头连氏祖厝	1508 年	圆				
闽中地区	101	永安西洋邢宅	–	圆	102	三明莘口陈宅	–	–
	103	三明魏宅	民国	–	104	三明列西罗宅	–	–
	105	三明列西吴宅	–	–	106	永安小陶某宅	–	–
	107	永安安贞堡	1885 年	圆	108	沙县茶丰峡孝子坊	1829 年	–
	109	三元莘口松庆堡	清中期	–	110	沙县建国路东巷 29 号	清末	–
	111	沙县东大路 72 号	清末	圆	112	永安贡川机垣杨公祠	1778 年	圆
	113	永安贡川金鱼堂	1624 年	并	114	永安贡川严进士宅	明末	圆
	115	永安福庄某宅	–	并	116	永安青水东兴堂	1810 年	圆
闽西客家地区	117	上杭古田八甲廖宅	–	–	118	新泉张宅	–	圆
	119	新泉芷溪黄宅	–	并	120	新泉张氏住宅	–	–
	121	新泉望云草堂	–	并	122	连城莒溪罗宅	–	–
	123	长汀洪家巷罗宅	–	–	124	长汀辛耕别墅	–	–
	125	上杭古田张宅	–	–	126	连城培田双善堂	清中期	–
	127	连城培田敦朴堂	–	–	128	连城培田双灼堂	清末	–
	129	连城培田继述堂	1829 年	并	130	连城培田济美堂	清末	圆
	131	南靖石桥村永安楼	16 世纪	–	132	南靖石桥村昭德楼	–	–
	133	南靖石桥村长篮楼	清	–	134	南靖石桥村逢源楼	–	–
	135	南靖石桥村振德楼	–	–	136	南靖石桥村顺裕楼	1927 年	–
	137	南靖田螺坑步云楼	清初期	无	138	南靖梅林和贵楼	1926 年	–
	139	平和西安西爽楼	1679 年	–	140	永定高陂遗经楼	1806 年	无
	141	永定高北承启楼	1709 年	无	142	永定湖坑振成楼	1912 年	无
	143	平和芦溪厥宁楼	1720 年	无	144	南靖梅林怀远楼	1909 年	并
	145	永定高陂大夫第	1828 年	–	146	永定洪坑福裕楼	1880 年	并

续表

地域	编号	案例	年代	类型	编号	案例	年代	类型
闽西客家地区	147	连城培田官厅	明末	–	148	连城培田都阃府	–	–
	149	连城芷溪集鳝堂	清初期	圆	150	连城芷溪凝禧堂	清末	圆
	151	连城芷溪绍德堂	清中期	圆	152	连城芷溪培兰堂	清末	圆
	153	连城芷溪蹑云山房	清末	–	154	永定抚市某宅	–	–
	155	永定鹊岭村长福楼	民国	无				
闽北地区	156	建瓯伍石村冯宅	–	–	157	建瓯朱宅	–	–
	158	浦城中坊叶氏住宅	–	圆	159	浦城上坊叶氏大厝	清	圆
	160	浦城观前饶加年宅	–	圆	161	浦城观前余天孙宅	–	圆
	162	浦城观前余有莲宅	–	圆	163	浦城观前张宅	–	圆
	164	武夷山下梅邹氏大夫第	1754 年	圆	165	武夷山下梅儒学正堂	清中期	圆
	166	武夷山下梅参军第	清中期	圆	167	崇安郊区蓝汤应宅	–	–
	168	南平洋洋村某宅	–	圆	169	邵武中书第	明末	圆
	170	邵武和平廖氏大夫第	清末	圆	171	邵武金坑儒林郎第	1632 年	圆
	172	邵武金坑 16 号李宅	–	圆	173	邵武金坑中翰第	–	圆
	174	邵武大埠岗中翰第	–	圆	175	邵武和平李氏大夫第	清末	圆
	176	宁化安远某宅	–	–	177	建宁丁宅	–	圆
	178	泰宁尚书第	明末	圆	179	光泽崇仁裴宅	明末	–
	180	光泽崇仁龚宅	明末	圆	181	邵武和平黄氏大夫第	明	圆
广东潮汕地区	182	潮州弘农旧家	–	方	183	揭阳新亨北良某宅	–	石
	184	潮阳棉城某宅	–	石	185	棉城义立厅某宅	–	石
	186	揭阳锡西乡某宅	–	石	187	潮州许驸马府	传说宋	石
	188	潮州三达尊黄府	明末	石	189	潮州桃溪乡图库	–	–
	190	普宁洪阳新寨	–	–	191	潮安坑门乡扬厝寨	–	–
	192	潮安象埔寨	传说宋	–	193	潮州辜厝巷王宅	–	石
	194	潮州王厝堀池墘饶宅	–	石	195	普宁泥沟某宅	–	无
	196	澄海城关安庆巷某宅	–	无	197	潮州梨花梦处书斋	清末	–
	198	澄海樟林某宅						
浙东地区	199	宁波张煌言故居	–	–	200	宁波庄市镇葛宅	–	–
	201	庄市镇大树下某宅	–	–	202	奉化岩头毛氏旧宅	–	–
	203	宁波走马塘村老流房	–	–	204	慈溪甲第世家	明末	–
	205	慈溪龙山镇天叙堂	1929 年	圆	206	诸暨斯宅斯盛居	清中期	–
	207	诸暨斯宅发祥居	1790 年	–	208	诸暨斯宅华国公别墅	–	–
	209	天台妙山巷怀德楼	–	圆	210	天台城关茂宝堂	–	圆
	211	天台城关张文郁宅	明末	圆	212	天台街头余氏民居	–	圆
	213	绍兴仓桥直街施宅	–	圆	214	绍兴题扇桥某宅	–	圆
	215	绍兴下大路陈宅	–	圆	216	宁波鄞江镇陈宅	–	圆
	217	黄岩黄土岭虞宅	–	–	218	黄岩天长街某宅	–	–

续表

地域	编号	案例	年代	类型	编号	案例	年代	类型
浙东地区	219	天台紫来楼	清	圆	220	宁波月湖中营巷张宅	清	圆
	221	宁波月湖天一巷刘宅	民国	圆	222	宁波月湖青石街闻宅	清	圆
	223	宁波月湖青石街张宅	清	圆	224	黄岩司厅巷汪宅	民国	圆
	225	黄岩司厅巷 16 号张宅	清末	圆	226	黄岩司厅巷 32 号洪宅	清	圆
浙南地区	227	永嘉埭头陈宅	清末	并	228	泰顺上洪黄宅	–	–
	229	平阳顺溪户侯第	清	–	230	平阳腾蛟苏步青故居	民国	方
	231	永嘉芙蓉村北甲宅	–	并	232	永嘉芙蓉村北乙宅	–	并
	233	永嘉水云十五间宅	清末	–	234	永嘉花坛"宋宅"	传说宋	方
	235	永嘉埭头松风水月宅	清	并	236	永嘉蓬溪村谢宅	–	并
	237	永嘉林坑毛步松宅	–	并	238	永嘉东占坳黄宅	–	并
	239	景宁小佐严宅	民国	圆	240	景宁桃源某宅	清	圆
	241	文成梧溪富宅	清末	圆	242	永嘉林坑某宅	–	圆
	243	永嘉埭头陈贤楼宅	清	并	244	乐清黄檀洞某宅	–	方
	245	平阳坡南黄宅	清	方	246	青街李氏二份大屋	清	方
	247	苍南碗窑朱宅	清	并	248	泰顺百福岩周宅	清	圆
浙西地区	249	龙游丁家某宅	–		250	龙游若塘丁宅	–	–
	251	龙游脉元龚氏住宅	–		252	兰溪长乐村望云楼	明	圆
	253	龙游溪口傅家大院	–		254	松阳望松黄家大院	–	–
	255	江山廿八都丁家大院	–	圆	256	江山廿八都杨宅	–	圆
	257	松阳李坑村 46 号	–		258	衢州峡口徐开校宅	1910 年	圆
	259	衢州峡口徐瑞阳宅	清末	圆	260	衢州峡口徐文金宅	–	圆
	261	衢州峡口郑百万宅	清	圆	262	衢州峡口刘文贵宅	清	圆
	263	衢州峡口周树根宅	民国	圆	264	衢州峡口周朝柱宅	民国	圆
	265	遂昌王村口某宅	–	圆				
浙中地区	266	东阳白坦乡务本堂	清	圆	267	东阳史家庄花厅		圆
	268	武义俞源声远堂	明末	圆	269	武义郭洞燕翼堂		圆
	270	磐安樨溪余庆堂	–	圆	271	缙云河阳循规映月宅	–	–
	272	缙云河阳廉让之间宅	–		273	东阳黄田畈前台门	–	–
	274	义乌雅端容安堂	–		275	金华雅畈二村七家厅	明	圆
	276	东阳紫薇山尚书第	明末	–	277	东阳六石镇肇庆堂	明	圆
	278	武义俞源裕后堂	1785 年	并	279	武义俞源上万春堂	–	–
	280	东阳湖溪镇马上桥花厅	清	–	281	东阳卢宅	明	–
	282	浦江郑氏义门	清	圆	283	建德新叶华尊堂	明	并
	284	建德新叶种德堂	民国	圆	285	建德新叶是亦居	民国	圆
	286	武义俞源玉润珠辉宅	–	圆	287	武义郭洞新屋里宅	明末	圆
	288	武义郭上萃华堂	–	–	289	武义郭下慎德堂	–	–
	290	东阳巍山镇赵宅	–	圆	291	东阳水阁庄叶宅	–	圆
	292	东阳城西街杜宅	–	–	293	缙云河阳朱宅	清	圆

123

从柱子形制的地域分布（表3.6）来看，圆柱做法具有压倒性的优势，但是不能否认，方柱与方圆柱并用的案例也有相当的数量，并且集中在浙南闽东一带。其中浙南地区采用或部分采用方柱的案例达到78.9%，是浙闽地区唯一一个方柱做法占优势的地区；其次在闽东地区也有36.1%的比例；最后闽西客家地区圆柱、方柱、墙承重无柱的三种做法的出现率比较接近，说明多种做法在此碰撞并且没有任何一方成为主流，可见闽西地区处于多文化碰撞和交融的前沿。

表 3.6　各地区柱做法统计

	圆	方	并	石	无
闽东	23/36	2/36	11/36		
莆仙	3/5		1/5	1/5	
闽南	14/24	1/24	3/24	5/24	1/24
闽中	6/7		1/7		
闽西	6/17		5/17		6/17
闽北	21/21				
潮汕		1/11		8/11	2/11
浙东	17/17				
浙南	4/19	5/19	10/19		
浙西	11/11				
浙中	15/17		2/17		

构架做法的时代性考察

（1）曲线劄牵的时代性

在浙闽地区，地域特色和时代特色兼备的结构构件要数曲线劄牵。根据各地方言文化的不同，衍生出"大头梁""泥鳅梁""猫枨""束木""水梁"等丰富多彩的叫法，足以显示出其悠久的历史与极高的本土化程度。

通过表3.7不难发现，曲线劄牵从明代到民国，随着时间的推移呈现出使用率逐渐下降的趋势。明代的浙闽风土建筑大部分（70%左右）都采用曲线劄牵。到了清代，清末以前建造的仅有半数左右还依旧使用该构件，清末以后，使用率已经低于45%。可见，在浙闽地区，曲线劄牵做法呈现出明显的衰退趋势。这与外来新文化的不断渗透应当是有密切关系的。

表 3.7　曲线劄牵的时代性

	使用曲线劄牵的案例（个）	不使用曲线劄牵的案例（个）
明代	13	7
清代（初期与中期）	19	20
清末以后	19	24

单以闽北地区为例，现存的5个可以明确建造年代为明代的案例中（169号、171号、178号、179号、180号），有3个采用了曲线劄牵构件（169号、178号、179号），而清代以后的5个案例中（159号、164号、165号、166号、170号）却无一使用（表3.3）。若综合本书第二章所述平面形制的时代分布（表2.1）来看：闽北地区18个多进合院案例中，仅有5个使用曲线劄牵，其中的3座为明代遗构；而不使用多进合院布局的7个案例中就有3个使用了曲线劄牵。可以发现，不使用多进合院平面的案例使用曲线劄牵的倾向更高。

从前述平面形制的时代性特征中已经发现，浙闽地区尤其是与中原、江南联系更为紧密的闽北地区，随着时代推移不断受到外来建筑文化影响。完全相同的情况也出现在结构构件的形制中，曲线劄牵，尤其是在闽北、闽西、浙西、浙中等地区，其使用频率随时间推移逐渐下降，这与多进合院式平面逐渐增多相对应，反映了外来文化对本土建筑做法的冲击。

（2）方柱的历史性

中国现存木构建筑绝大部分都采用圆柱做法，而方柱做法则散落在历史的各个角落。现存最早的方柱做法图像案例出现在北宋张先（990—1078）的绘画《十咏图》（图3.20）中。《营造法式》中并未直言方柱的形制，但在卷十九·大木作功限中有"或用方柱，每一功减两分功"的记录。[1]说明在早期，方柱是比圆柱加工简单、等级更低的形式。

图 3.20　北京故宫博物院藏《十咏图》局部

① 梁思成.营造法式注释//梁思成全集第7卷[M].北京：中国建筑工业出版社，2001：303.

图 3.21　北京故宫的方柱

现存遗构中，在浙闽地区以外，大量的方柱做法都出现在宫殿中。明代萧洵编纂的《元故宫遗录》："由午门内，可数十步，为大明门……中为大明殿……殿楹四向皆方柱，大可五六尺……"[1]可见，元代北京故宫中就有宫殿采用了方形檐柱。现存的沈阳故宫大清门檐柱、北京故宫后宫大部分建筑檐柱都为方柱（图 3.21），除檐柱外的内柱则都采用圆柱。除此之外，故宫中轴线上的大殿大都采用满堂圆柱的形制，而养心殿却采用了满堂方柱的形制。可见，在明清故宫中，仪式性殿堂都采用圆柱，而居住类宫殿会采用方柱，且方柱的等级高于同类建筑中的圆柱。

虽然没有直接证据证明浙闽地区风土建筑中的方柱做法、方柱和圆柱并用做法与宫殿建筑中的同类做法有直接联系。但二者的方柱不论从整体形制，对应柱顶石形制，还是抹角方式都十分相似。不得不承认，宫殿建筑，尤其是居住类寝宫建筑的方柱做法，与浙闽地区尤其是浙南闽东地区的抹角方柱做法有着关联性。只是二者的源流关系和影响以及传播方式还需更多的证据支持。

（3）柱础形制变迁考察

今天，浙闽地区大多数风土建筑都采用磉墩＋柱顶石这样完整的柱础形制。但仍有一些大型住宅并不使用柱顶石。因而，浙闽地区可能存在着从不使用柱顶石到使用柱顶石的演变过程。

关于柱础演变的过程，有两个有趣的例子：其一为福州市罗源县梧桐村的"五鱼厝"（40 号），根据村里不同几支黄氏后人的一致说法，该风土建筑为整个村子的祖屋，建于清初。根据村人回忆，原本并没有柱顶石，如今的柱顶石为后来维修时加的。[2]另一个例子为尤溪桂峰七家厅，该住宅为"一"字形长屋，为多户共用。其 8 根前檐柱中

① 萧洵 . 元故宫遗录 [M]. 上海：商务印书馆，1936.
② 黄晓云 . 闽东传统民居大木作研究 [D]. 北京：中央美术学院，2013：16.

图 3.22　桂峰村七家厅檐柱柱顶石做法

有三根有柱顶石，其余无柱顶石。添加的三个柱顶石为立方体，截面与方柱的断面几乎一致，并且 8 根檐柱的风化程度基本一致，说明这三个柱顶石应该是将柱子下端腐朽部分截断后添加的，而添加柱顶石的三根柱子位于两侧靠近山面的位置，这一位置受到风雨侵蚀的程度明显高于中间部位（图 3.22）。日本将这种将柱子底端截断换成石头的做法称作"继石造"，该住宅基本可以确定为"继石造"的案例。浙闽地区存在很多与柱子断面一致的棱台形、圆柱形柱顶石，这些柱顶石是否均为"继石造"做法？抑或是，这些柱顶石是由"继石造"进一步演变为定制？这些都是值得思考的问题。

早在河姆渡时期，浙闽地区的干栏建筑没有台基，也没有柱础，柱子直接插入土中。到了秦汉时期，武夷山城村闽越王城的宫殿建筑遗址已经是有台基的地面建筑，但由遗址发掘出的圆形柱洞可以看出，柱子依旧是直接插入土中，并无使用柱础的迹象[1]。日本将这种柱子直接插入土中的做法称为"掘立柱"，且在日本风土建筑中，掘立柱做法直至 18 世纪依然是主流。而在浙闽地区，现存风土建筑中却没有任何"掘立柱"做法留存下来。"掘立柱"在浙闽地区的早早退场，应当与该地区发达的穿斗式木框架结构是分不开的。

穿斗式构架由于其柱枋一体化的架构方式，使得其在分散地震与台风的横向作用力时有着优良的表现，因而很快在浙闽地区普及。相对而言，"掘立柱"做法中柱子插入土地中固定，刚度过强，使得其反而不利于应对地震与台风。穿斗结构耐风、耐震性好，且相对节约木材，对木料要求不高，建造方法简单，这可能是"掘立柱"建

---

① 杨琼，福建博物院，福建闽越王城博物馆 . 武夷山城村汉城遗址发掘报告（1980—1996）[M]. 福州：福建人民出版社，2004：103-111.

筑早早退场的主要原因。

浙闽地区现存的少量不使用柱顶石的做法，应当为"掘立柱"建筑向台基—柱础式穿斗建筑转变过程中的产物。首先，浙闽地区"掘立柱"建筑传统应当影响尚存；其次，柱顶石给穿斗式构架的安装造成了一定的不便（要将扇架额外抬高立于柱顶石上）；最后，浙闽地区气候潮湿，多暴雨、台风，柱顶石对减少木柱朽烂的作用有限，且东南地区多山，盛产木材，木柱朽烂后直接更换的代价也不大。因此，柱顶石在浙闽地区的不发达也是合乎情理的。

综上所述，可以推断，浙闽风土建筑在早期可能经历了从"掘立柱"建筑向穿斗式建筑的转变，并存在穿斗构架普遍直接置于台基之上，且无柱顶石的时代。随着时代推移，柱底的朽烂使得"继石造"出现，进而有了简单的棱台，圆柱形柱顶石。最后，受到北方富有装饰性的雕刻式柱顶石进一步影响，使得浙闽地区开始流行对柱础的重点刻画。

3.2　围护结构

浙闽地区风土建筑的围护结构基本分为木质外墙、夯土墙与砖墙三种。木质外墙又分为木板墙、灰墙、灰墙与木板墙的组合三种。围护结构不同一方面体现了各个地区因地制宜，就地取材的特点，一方面也反映了不同地区文化传统的不同。

木质外墙

（1）木板墙

浙闽地区山村市镇的一般民居，外围护结构大多由板壁、板门、板窗组成，以构造简易，有利通风，便于拆卸为主要特点。浙闽风土建筑中的木板墙，一般竖直并列铺装，有些木板还可以拆卸，或水平推拉。

图3.23　梧溪村富宅木板墙

木板墙作为住宅内部分隔结构的做法非常普遍，然而在今天，外围护结构仍旧使用木板墙的民居就远不及砖墙、夯土墙等防火性能优异的围护墙体普遍了。今天在一些山区木材资源丰富、村落建筑不是很密集的地区依旧会使用木板墙，如温州市文成县梧溪村富宅（241号，图3.23），内隔墙、外围护墙都为木板墙。

（2）灰墙

竹骨泥墙：将竹片编成篱笆状，固定在梁柱间或龙骨枋木上，两面抹泥，外涂白灰，就做成了竹骨泥墙。竹骨泥墙的特点是适应性强，在复杂的穿斗木屋架中也能完美地封住所有缝隙。

其中，竹骨架用竹篱、竹笆或竹片做成，有墁灰和清水两种做法。二者都要先用毛竹做成立柱加横筋的构架。墁灰做法用竹片在构架上编成竹篱后再墁灰泥。清水做法则用竹片或整根竹子依次编嵌于构架上而成，又称"篱笆墙"，也可仅在篱笆内侧墁灰泥。此外，还有在构架上钉竹席成墙的做法。

木骨泥墙：在木板墙的外层抹灰，做法就是先在木板上刻线，以增加木板的附着力，然后在木板外墁灰泥（图 3.24）。

（3）灰墙与木板墙的组合

这种做法为浙闽风土建筑中最常见的非土砖系围护结构。一般建筑上部为竹骨灰墙结构，下部为木板墙结构，二者组合成为整个外墙围护结构。之所以采用这种组合方式可能是因为上部墙面面积小，并且多有不规则形状，不利于木板铺装，故采用竹骨灰墙的方式；而下部墙面易受潮，墙面抹灰极易空鼓、起皮乃至剥落，故采用木板墙结构。二者的组合增强了墙面的美观性与实用度（图 3.25）。

竹骨泥墙

篱笆墙

木骨泥墙

图 3.24　灰墙

平阳青街

永安槐南

图 3.25　灰墙与木板墙的组合

夯土墙与砖墙

（1）夯土墙

版筑夯土墙在砖墙使用之前是中国北方民居普遍采用的一种围护结构。据黄汉民先生论断，夯土技术是在几次北方汉族向南移民期间被带到东南地区的。今天的福建民居建筑中依旧存在着夯土墙体。生土夯筑的墙体承重、保暖、吸湿，是很好的墙体材料。制作夯土墙体需要选择黏性好且含有一些沙子的黄土，少量沙子可以减少土墙夯筑完成后的收缩，不易产生裂缝。新挖出的黄土放置一到两年使其"熟化"，熟化了的土和易性好，若黄土黏性不够，还要掺些石灰，更讲究的还要在土中混入红糖水和糯米浆，以增强土墙的坚硬程度。待到黏合度合适后即可进行夯筑。夯土墙体施工时用长1.5米左右的木模板，模板由特制的卡子夹住，再配置黏合度合适的黄土分层夯筑，在夯筑几层后需要放入竹片、松枝或木棍以加强墙体的联系和拉结强度。夯好一板再移动模板，一板一板地夯筑。待墙体全部完成后，用特制的小木拍子把墙面补平拍实，以达到使用要求。这种土墙貌似粗糙，却十分牢固，可经上百年不倒（图3.26）。

（2）砖墙

元代以前，房屋墙体以土制为主，高等级的建筑也只用砖垒砌墙面下部做成"隔碱"，犹如墙裙，上部依然为土筑。及至明代，随着砖窑容量的增加和利用煤炭烧砖开始普及，砖的产量猛增，砖墙也开始在全国范围内普及。然而在南方高湿度的环境，尤其是春夏之交的梅雨季节，砖墙很容易结露，但砖墙耐火性好，美观坚固，在外围护体尤其是山墙面，是木板墙、灰墙与夯土墙的良好替代品。

封火山墙：陈志华援引《古今图书集成·火灾部》中的记载："由居民皆编竹之壁，久则干燥易于发火，又有用板壁者，天竹木皆酿火之具，而周回无墙垣之隔，宜乎比屋延烧，势不可止。一尝见江北地少林木，居民大率垒砖为之，四壁皆砖，罕被火患，

周宁浦源郑宅 　　　　　　　　　　　　　　　　　霞浦半月里某宅

图3.26　夯土墙

间有被者，不过一家及数家而止。一今后若有火患，其用砖石者必不毁，其延烧者，必竹木者也，久之习俗既变，人不知有火患矣，此万年之利也。" 认为砖墙的主要作用是隔断火源。一户失火，有砖墙的阻隔不易殃及邻家。[①]封火山墙的名称也说明砖砌山墙围护结构主要是为了防火。

马头墙：徽州与江南的环太湖地区是封火山墙最为流行的地域，封火山墙在这一地域也被称作"马头墙"。马头墙是赣派、徽派汉族传统民居建筑中屋面以中间横向正脊为界分前后两面坡，左右两面山墙或与屋面平齐，或高出屋面，使用马头墙时，两侧山墙高出屋面，并循屋顶坡度跌落呈水平阶梯形，而不像一般所见的山墙，上面是等腰三角形，下面是长方形。多檐变化的马头墙有一阶、二阶、三阶、四阶之分，通常三阶、四阶更常见。浙闽风土建筑中使用马头墙的比较少，仅在闽北、浙西、浙中一带比较多见。

曲线封火山墙：闽东一带风土建筑的封火山墙有弧形、弓形、马鞍形、折线形等。福州民居中的封火山墙在砖砌的山墙上部做成弯弓形，脊顶做成水平短墙与倒弓形前后相接。脊背为青灰抹平，向下斜坡，在脊角雕刻图案花纹，两坡角向上翘起，翘角下方做几层退进的线脚。山墙轮廓或圆或方，变化自由。而闽东、潮汕一带的封火山墙更是被称为"五行山墙"，根据不同的风水要求，将山墙做成不同的折线、曲线形式（图3.27，图3.28）。

硬山墙：在浙闽地区，有些建筑不使用封火山墙，仅仅采用山墙顶面与屋顶齐平的硬山墙面，如闽南地区的红砖建筑。除红砖墙外、红瓦、红砖屋脊、室内红地砖等也均为红色，体现出闽南地区的红砖文化特性。闽南有着悠久的制砖历史，特别是红砖的烧制水平很高。闽南民居多为硬山墙面，较少采用封火山墙，大多使用硬山墙加

浙中马头墙　　　　　　　　　　　　　　　　闽东曲线封火山墙

图 3.27　砖砌封火墙

① 陈志华，楼庆西，李秋香．新叶村 [M]．重庆：重庆出版社，1999：51.

夏土马头墙 　　　　　　　　　　　　　夯土曲线封火山墙

图 3.28　夯土封火墙

漳浦湖西蓝廷珍宅[1] 　　　　　　　　　泉州蔡宅[2]

图 3.29　硬山墙

燕尾脊（图 3.29）。

　　（3）浙闽地区土、砖墙的特征

　　空斗砖墙：用砖侧砌或平、侧交替砌筑成的空心墙体。具有用料省、自重轻和隔热、隔声性能好等优点。明代以来已大量用来建造民居和寺庙等，江南和西南地区应用较广。传统的空斗墙多用特制的薄砖，砌成有眠空斗形式。有的还在中空部分填充碎砖、炉渣、泥土或草泥等以改善热工性能。浙闽地区风土建筑的空斗墙一般作为木构架房屋的外围护墙，不承重，只有勒脚用实砖砌筑，或用大块毛石砌筑。内外墙面都抹一层白灰，比较考究的如宗祠的厅堂，会在墙垣内侧贴一层面砖。

①　戴志坚. 福建民居 [M]. 北京：中国建筑工业出版社，2009：143.
②　戴志坚. 福建民居 [M]. 北京：中国建筑工业出版社，2009：136.

两重山墙：在浙东与闽东地区，有很多外面看来是砖砌山墙的风土建筑，在砖砌山墙内侧往往还有另一道木板墙或灰墙，从而形成两重山墙的围护结构。一般，两重山墙内侧为灰墙居多，也有木板墙，外侧为砖砌封火墙。两道墙之间距离为 15 ～ 60 厘米不等，距离较宽的可以作为巷道，或者安置楼梯。两重山墙中一部分是在建成的灰墙、木板墙围护悬山建筑的山墙面加建砖砌封火墙的；而也有一部分内侧的灰墙与外侧的砖墙为同时建造。两重山墙构造一方面可以发挥砖墙防火性能好的优点，另一方面，室内一侧采用灰墙更为怡人，可以避免砖墙面直接面向室内时因结露带来的不便。两重山墙结构为浙闽地区风土建筑应对自然气候条件的独特创造（图 3.30）。

图 3.30　封火墙与灰墙并置的两重山墙构造

围护结构的地域性

浙闽风土建筑围护结构类型一览如表 3.8 所示，主要考察对象为住宅正房两侧山墙。夯土墙记为"土"，其中没有马头墙的硬山记为"土 -1"，有马头墙的记为"土 -2"；灰墙记为"灰"（包含上部灰墙下部木板墙的情况）；木板墙记为"板"；砖墙记为"砖"，其中没有马头墙做法的硬山记为"砖 -1"，有马头墙的记为"砖 -2"；石墙记为"石"；不明与未调查的情况记为"–"。

表 3.8　围护结构类型一览

地域	编号	案例	年代	类型	编号	案例	年代	类型
闽东地区	001	福州埕宅	–	土 -2	002	福州扬岐游宅	民国	砖 -2
	003	福州宫巷刘宅	清	砖 -2	004	福州某宅		砖 -2
	005	永泰李宅	–	砖 -2	006	古田松台某宅	–	土 -2
	007	古田张宅	–	砖 -2	008	古田利洋花厝	–	砖 -2
	009	古田沽洋陈宅	–	砖 -2	010	古田吴厝里某宅	–	砖 -2
	011	古田凤埔某宅	–	砖 -2	012	古田于宅	–	砖 -2
	013	福安茜洋桥头某宅	–	土 -1	014	闽清东城厝	–	土 -2
	015	福安楼下保合太和宅	–	土 -2	016	福安楼下两兄弟住宅	–	土 -2
	017	福安楼下王炳忠宅	–	土 -2	018	福州宫巷沈宅	明末	砖 -2
	019	福州文儒坊陈宅	清	砖 -2	020	福州衣锦坊欧阳宅	1890 年	砖 -2

续表

地域	编号	案例	年代	类型	编号	案例	年代	类型
闽东地区	021	福鼎白琳洋里大厝	1745年	灰	022	闽清坂东岐庐	1853年	土-1
	023	宁德霍童下街陈宅	清中期	砖-2	024	宁德霍童黄宅	清中期	砖-2
	025	宁德霍童下街72号	清中期	土-1	026	霞浦半月里雷世儒宅	1848年	砖-2
	027	霞浦半月里雷位进宅	清中期	砖-2	028	福安坦洋王宅	清末	砖-2
	029	福安坦洋郭宅	清末	砖-2	030	福安坦洋胡宅	清末	砖-2
	031	福安廉村就日瞻云宅	清中期	砖-2	032	福安廉村甲算延龄宅	清末	砖-2
	033	尤溪桂峰楼坪厅大厝	清初期	灰	034	尤溪桂峰后门山大厝	明末	灰
	035	尤溪桂峰后门岭大厝	1747年	灰	036	福清一都东关寨	1736年	土-1
	037	闽清某宅	-	砖-2	038	闽清宏琳厝	1795年	砖-2
	039	尤溪某农家	-	板	040	罗源梧桐五鱼厝	清初期	板
	041	罗源梧桐水仙关	清	灰	042	罗源梧桐孔照厝	清	灰
	043	罗源梧桐旗杆里	民国	砖-1	044	周宁浦源郑宅	清末	土-1
	045	屏南漈头张宅	清	土-1	046	屏南漈下甘宅	明末	土-1
	047	屏南漈下某宅	明末	板	048	尤溪桂峰蔡宅	清	灰
	049	永泰嵩口垒口祖厝	1768年	灰	050	福鼎西阳陈宅	-	灰
莆仙地区	051	涵江林宅	1940年	砖-1	052	莆田江口某宅	-	砖-1
	053	仙游陈宅	明末	砖-1	054	仙游榜头仙水大厅	1446年	砖-1
	055	涵江江口余宅	-	砖-1	056	仙游仙华陈宅	-	土-1
	057	仙游枫亭陈和发宅	-	土-1	058	仙游坂头鸳鸯大厝	1911年	砖-1
	059	莆田大宗伯第	1592年	砖-1				
闽南地区	060	永春郑宅	1910年	砖-1	061	漳平上桂林黄宅	清中期	砖-1
	062	漳平下桂林刘宅	清	砖-1	063	泉州吴宅	清中期	砖-1
	064	泉州蔡宅	1904年	砖-1	065	泉州某宅	-	砖-1
	066	泉州黄宅	-	砖-1	067	晋江青阳庄宅	1934年	砖-1
	068	晋江某宅	-	砖-1	069	晋江大伦蔡宅	-	砖-1
	070	集美陈宅	-	砖-1	071	集美陈氏住宅	-	砖-2
	072	漳州南门某住宅	-	砖-1	073	龙岩新邱厝	1888年	砖-1
	074	泉州亭店杨阿苗宅	1894年	砖-1	075	南安官桥蔡资深宅	清	砖-1
	076	泉州泉港黄素石楼	1741年	石	077	南安石井中宪第	1728年	砖-1
	078	漳浦湖西蓝廷珍宅	清中期	砖-1	079	漳州官园蔡竹禅宅	清中期	砖-1
	080	厦门鼓浪屿大夫第	1796年	砖-2	081	漳浦湖西赵家堡	明末	砖-1
	082	德化硕杰大兴堡	1722年	土-1	083	华安岱山齐云楼	1862年	土-1
	084	华安大地二宜楼	1740年	土-1	085	漳浦深土锦江楼	1791年	土-1
	086	晋江石狮镇某宅	-	砖-1	087	晋江大伦乡某宅	-	砖-1
	088	龙岩适中太和楼	-	土-1	089	龙岩毛主席旧居	-	砖-1
	090	龙岩适中典常楼	1784年	土-1	091	南安湖内村土楼	清末	土-1
	092	南安炉中村土楼	1857年	土-1	093	南安南厅映峰楼	明末	土-1

续表

地域	编号	案例	年代	类型	编号	案例	年代	类型
闽南地区	094	南安朵桥聚奎楼	清中期	石	095	南安铺前庆原楼	清	土 -1
	096	安溪玳瑅德美楼	民国	土 -1	097	安溪山后村土楼	清	土 -1
	098	安溪玳瑅联芳楼	清末	土 -1	099	德化承泽黄宅	民国	灰
	100	德化格头连氏祖厝	1508 年	灰				
闽中地区	101	永安西洋邢宅	–	土 -1	102	三明莘口陈宅	–	–
	103	三明魏宅	民国	灰	104	三明列西罗宅	–	–
	105	三明列西吴宅	–	灰	106	永安小陶某宅	–	–
	107	永安安贞堡	1885 年	土 -1	108	沙县茶丰峡孝子坊	1829 年	砖 -1
	109	三元莘口松庆堡	清中期	土 -1	110	沙县建国路东巷 29 号	清末	土 -1
	111	沙县东大路 72 号	清末	砖 -2	112	永安贡川机垣杨公祠	1778 年	砖 -2
	113	永安贡川金鱼堂	1624 年	土 -1	114	永安贡川严进士宅	明末	灰
	115	永安福庄某宅	–	土 -1	116	永安青水东兴堂	1810 年	灰
闽西客家地区	117	上杭古田八甲廖宅	–	–	118	新泉张宅	–	砖 -1
	119	新泉芷溪黄宅	–	砖 -1	120	新泉张氏住宅	–	砖 -1
	121	新泉望云草堂	–	砖 -1	122	连城莒溪罗宅	–	–
	123	长汀洪家巷罗宅	–	砖 -2	124	长汀辛耕别墅	–	板
	125	上杭古田张宅	–	–	126	连城培田双善堂	清中期	–
	127	连城培田敦朴堂	–	砖 -1	128	连城培田双灼堂	清末	砖 -1
	129	连城培田继述堂	1829 年	砖 -1	130	连城培田济美堂	清末	砖 -1
	131	南靖石桥村永安楼	16 世纪	土 -1	132	南靖石桥村昭德楼	–	土 -1
	133	南靖石桥村长篮楼	清	土 -1	134	南靖石桥村逢源楼	–	土 -1
	135	南靖石桥村振德楼	–	土 -1	136	南靖石桥村顺裕楼	1927 年	土 -1
	137	南靖田螺坑步云楼	清初期	土 -1	138	南靖梅林和贵楼	1926 年	土 -1
	139	平和西安西爽楼	1679 年	土 -1	140	永定高陂遗经楼	1806 年	土 -1
	141	永定高北承启楼	1709 年	土 -1	142	永定湖坑振成楼	1912 年	土 -1
	143	平和芦溪厥宁楼	1720 年	土 -1	144	南靖梅林怀远楼	1909 年	土 -1
	145	永定高陂大夫第	1828 年	土 -1	146	永定洪坑福裕楼	1880 年	土 -1
	147	连城培田官厅	明末	砖 -1	148	连城培田都阃府	–	–
	149	连城芷溪集鳣堂	清初期	砖 -1	150	连城芷溪凝禧堂	清末	砖 -1
	151	连城芷溪绍德堂	清中期	砖 -1	152	连城芷溪培兰堂	清末	砖 -1
	153	连城芷溪蹑云山房	清末	砖 -1	154	永定抚市某宅	–	土 -1
	155	永定鹊岭村长福楼	民国	土 -1				
闽北地区	156	建瓯伍石村冯宅	–	砖 -1	157	建瓯朱宅	–	砖 -1
	158	浦城中坊叶氏住宅	–	土 -2	159	浦城上坊叶氏大厝	清	土 -2
	160	浦城观前饶加年宅	–	土 -2	161	浦城观前余天孙宅	–	砖 -1
	162	浦城观前余有莲宅	–	土 -1	163	浦城观前张宅	–	土 -2
	164	武夷山下梅邹氏大夫第	1754 年	砖 -2	165	武夷山下梅儒学正堂	清中期	砖 -2

续表

地域	编号	案例	年代	类型	编号	案例	年代	类型
闽北地区	166	武夷山下梅参军第	清中期	砖-2	167	崇安郊区蓝汤应宅	–	土-1
	168	南平洛洋村某宅	–	–	169	邵武中书第	明末	砖-2
	170	邵武和平廖氏大夫第	清末	砖-2	171	邵武金坑儒林郎第	1632年	砖-2
	172	邵武金坑16号李宅	–	砖-2	173	邵武金坑中翰第	–	砖-2
	174	邵武大埠岗中翰第	–	砖-2	175	邵武和平李氏大夫第	清末	砖-2
	176	宁化安远某宅	–	–	177	建宁丁宅	–	–
	178	泰宁尚书第	明末	砖-2	179	光泽崇仁裘宅	明末	砖-2
	180	光泽崇仁龚宅	明末	砖-2	181	邵武和平黄氏大夫第	明	砖-2
广东潮汕地区	182	潮州弘农旧家	–	–	183	揭阳新亨北良某宅	–	–
	184	潮阳棉城某宅	–	–	185	棉城义立厅某宅	–	–
	186	揭阳锡西乡某宅	–	–	187	潮州许驸马府	传说宋	土-2
	188	潮州三达尊黄府	明末	土-2	189	潮阳桃溪乡图库	–	–
	190	普宁洪阳新寨	–	–	191	潮安坑门乡扬厝寨	–	土-2
	192	潮安象埔寨	传说宋	土-2	193	潮州辜厝巷王宅	–	–
	194	潮州王厝堀池墘饶宅	–	土-2	195	普宁泥沟某宅	–	–
	196	澄海城关安庆巷某宅	–	–	197	潮州梨花梦处书斋	清末	–
	198	澄海樟林某宅	–	–				
浙东地区	199	宁波张煌言故居	–	–	200	宁波庄市镇葛宅	–	–
	201	庄市镇大树下某宅	–	–	202	奉化岩头毛氏旧宅	–	砖-2
	203	宁波走马塘村老流房	–	砖-2	204	慈城甲第世家	明末	砖-2
	205	慈溪龙山镇天叙堂	1929年	砖-2	206	诸暨斯宅斯盛居	清中期	砖-2
	207	诸暨斯宅发祥居	1790年	砖-2	208	诸暨斯宅华国公别墅	–	–
	209	天台妙山巷怀德楼	–	砖-1	210	天台城关茂宝堂	–	–
	211	天台城关张文郁宅	明末	–	212	天台街头余氏民居	–	–
	213	绍兴仓桥直街施宅	–	砖-2	214	绍兴题扇桥某宅	–	灰
	215	绍兴下大路陈宅	–	灰	216	宁波鄞江镇陈宅	–	板
	217	黄岩黄土岭虞宅	–	板	218	黄岩天长街某宅	–	灰
	219	天台紫来楼	清	砖-1	220	宁波月湖中营巷张宅	清	砖-1
	221	宁波月湖天一巷刘宅	民国	砖-1	222	宁波月湖青石街闻宅	清	砖-2
	223	宁波月湖青石街张宅	清	砖-1	224	黄岩司厅巷汪宅	民国	砖-2
	225	黄岩司厅巷16号张宅	清末	板	226	黄岩司厅巷32号洪宅	清	灰
浙南地区	227	永嘉埭头陈宅	清末	灰	228	泰顺上洪黄宅	–	灰
	229	平阳顺溪户侯第	清	灰	230	平阳腾蛟苏步青故居	民国	板
	231	永嘉芙蓉村北甲宅	–	板	232	永嘉芙蓉村北乙宅	–	板
	233	永嘉水云十五间宅	清末	–	234	永嘉花坛"宋宅"	传说宋	板
	235	永嘉埭头松风水月宅	清	砖-1	236	永嘉蓬溪村谢宅	–	板
	237	永嘉林坑毛步松宅	–	板	238	永嘉东占坳黄宅	–	灰

续表

地域	编号	案例	年代	类型	编号	案例	年代	类型
浙南地区	239	景宁小佐严宅	民国	板	240	景宁桃源某宅	清	板
	241	文成梧溪富宅	清末	板	242	永嘉林坑某宅	–	灰
	243	永嘉埭头陈贤楼宅	清	灰	244	乐清黄檀洞某宅	–	石
	245	平阳坡南黄宅	清	–	246	青街李氏二份大屋	清	板
	247	苍南碗窑朱宅	清	灰	248	泰顺百福岩周宅	清	灰
浙西地区	249	龙游丁家某宅	–	–	250	龙游若塘丁宅	–	–
	251	龙游脉元龚氏住宅	–	砖 -2	252	兰溪长乐村望云楼	明	砖 -2
	253	龙游溪口傅家大院	–	砖 -2	254	松阳望松黄家大院	–	砖 -2
	255	江山廿八都丁家大院	–	砖 -2	256	江山廿八都杨宅	–	砖 -2
	257	松阳李坑村 46 号	–	砖 -1	258	衢州峡口徐开校宅	1910 年	砖 -2
	259	衢州峡口徐瑞阳宅	清末	砖 -2	260	衢州峡口徐文金宅	–	砖 -2
	261	衢州峡口郑百万宅	清	砖 -2	262	衢州峡口刘文贵宅	清	砖 -2
	263	衢州峡口周树根宅	民国	砖 -2	264	衢州峡口周朝柱宅	民国	砖 -2
	265	遂昌王村口某宅	–	砖 -1				
浙中地区	266	东阳白坦乡务本堂	清	砖 -2	267	东阳史家庄花厅	–	砖 -2
	268	武义俞源声远堂	明末	砖 -2	269	武义郭洞燕翼堂	–	砖 -2
	270	磐安樟溪余庆堂	–	–	271	缙云河阳循规映月宅	–	–
	272	缙云河阳廉让之间宅	–	–	273	东阳黄田畈前台门	–	–
	274	义乌雅端容安堂	–	–	275	金华雅畈二村七家厅	明	砖 -2
	276	东阳紫薇山尚书第	明末	砖 -2	277	东阳六石镇肇庆堂	明	–
	278	武义俞源裕后堂	1785 年	砖 -2	279	武义俞源上万春堂	–	砖 -2
	280	东阳湖溪镇马上桥花厅	清	–	281	东阳卢宅	明	–
	282	浦江郑氏义门	清	–	283	建德新叶华萼堂	明	砖 -2
	284	建德新叶种德堂	民国	砖 -2	285	建德新叶是亦居	民国	砖 -2
	286	武义俞源玉润珠辉宅	–	砖 -2	287	武义郭洞新屋里宅	明末	–
	288	武义郭上萃华堂	–	砖 -2	289	武义郭下慎德堂	–	砖 -2
	290	东阳巍山镇赵宅		板	291	东阳水阁庄叶宅	–	砖 -2
	292	东阳城西街杜宅	–	砖 -2	293	缙云河阳朱宅	清	砖 -2

　　围护墙体的做法基本上可以分为三大类，第一是夯土或砖筑成的硬山墙面；第二则是以竹、木为主要材料的灰墙或木板墙；最后一种是砖砌为主的封火山墙做法。从地域分布来看，第一类硬山墙面主要分布在闽南地区与闽西南客家地区；第二类灰墙或木板墙则主要分布在浙东、浙南与闽东的山区；最后一类封火山墙的做法则大多分布在浙西，闽北和闽东地区的平原地带（表 3.9）。

表 3.9　各地域围护结构类型统计表

	土 -1	土 -2	灰	板	砖 -1	砖 -2	石
闽东	7/50	6/50	9/50	3/50	1/50	24/50	
莆仙	2/9				7/9		
闽南	13/41		2/41		22/41	2/41	2/41
闽中	5/13		4/13		2/13	2/13	
闽西	18/34			1/34	14/34	1/34	
闽北	1/23	4/23			2/23	16/23	
潮汕		5/5					
浙东			4/21	3/21	5/21	9/21	
浙南			8/20	10/20	1/20		1/20
浙西					2/14	12/14	
浙中				1/19		18/19	

围护结构的时代性

先秦文献中并没有"砖"的称谓。东汉许慎的《说文解字》中有"瓦"而无"砖"字。"砖"为"甎""塼"的俗字，最早见于北齐颜之推《颜氏家训·终制篇》："……已启求扬都，欲营迁厝；蒙诏赐银百两，已于扬州小郊北地烧砖。"可见，在中国砖墙是最后出现的围护结构。

正如前文所述，直至元代以前，砖更多出现在墓葬中，房屋墙体以土制为主，砖墙在居住建筑中极少出现，只有一些高等级的建筑，用砖垒砌墙面下部做成"隔碱"。到了明代，随着砖的产量猛增，砖墙开始普及。砖墙最初在长江中下游地区的住宅中大量出现。明代许多大型工程的用砖来源于江南地区的砖窑，如十三陵中永陵明楼现存砖砌底座的用砖就标明了是不同时期由徽州、六合、常州、武进等几处窑区提供，这足以表明江南地区砖窑的发达。然而，明朝的砖墙依旧以全顺平砌为主，直到清代，江南地区才首先创造了空斗砖墙。

浙闽地区的砖墙围护结构的具体时代演变，今天已经很难考证。因为与木构架不同，围护结构很容易改建，因此很难确认某一建筑的山墙是否是与建筑主体同期建造。浙闽地区灰墙加建砖封火墙的案例并不少见，使得对各类型围护结构的年代考证十分困难。尽管如此，依然可以从与日本的比较中看出端倪。

日本在西方人带来红砖之前，无论是官式、贵族建筑，还是风土建筑均不采用砖墙，而是一直以木板墙、灰墙为主。可以说，在日本传统风土建筑中是不存在硬山结构的，日语中也没有和"硬山"对应的词汇（悬山、歇山、庑殿则都有相对应的日语词）。日本与中国东南沿海地区的文化、技术交流一直非常密切。如前文所述，从平面布局（"书院"空间与书院造），构架做法（日语"海老虹梁"等），到后文即将叙述的挑檐做法，浙闽地区的建筑技术都对日本产生了影响。而唯独砖墙围护结构在日本全无踪影，可以从侧面证明，在浙闽地区，砖墙围护结构的出现应当是很晚且并非原生的。

3.3　挑檐结构

中国传统木构建筑为了防止木质结构受到风雨侵蚀，都需要挑檐构造，而深远的挑檐对挑檐构造结构强度的要求很高，因而古人在不断地摸索中创造出各种各样的挑檐做法。同时，由于檐部向外延伸，是传统建筑中最容易被看到的部位，故而檐部也是各种装饰集中的地方。因此，檐部可以说是传统建筑中最为重要的部位。经过千年的发展，官式建筑选择了以斗拱做法为中心的檐部构造，而在民间，则涌现出许多样式各异的挑檐做法。

东南沿海地区的民居在檐部构造上千姿百态，呈现出完全不同的结构理念与建筑意匠。各种不同的檐部做法既呈现出共时性的特点，又表现出通时性的特征，对研究南方乃至中国传统民居的檐部做法演变都有着十分重要的意义。

斗拱与插拱

（1）斗拱

一般所说的斗拱，是指唐宋以后发展成熟的由一定规格的小木枋和木块装配组成的一种整体构件。浙闽地区的斗拱与北方官式建筑的斗拱类似，但构造更为灵活。中国历代对于民间使用斗拱都是严格限制的。而东南沿海地区由于远离政治中心，常常打破限制，有很多结构较为复杂的斗拱出现。

浙东沿海地区民居多用斗拱，如宁波月湖历史街区，受到官方对民间斗拱的限制，前檐斗拱大多只采用斗口挑的形制，并不向前出跳。大斗为圆柱形，并不是典型的方形大斗，抱头梁的梁头直接作为斗拱的要头，尺度较大并且有丰富的雕刻，沿着檩条方向则是一斗三升重拱（图3.31）。

到了台州和温州，斗拱也越来越复杂。如温州平阳腾蛟镇苏步青故居（230号），前檐采用了出一跳的斗拱。而台州市黄岩区司厅巷32号洪宅（226号），为出两跳的斗拱。温州平阳县昆阳区坡南街某宅、苍南县

图 3.31　宁波斗口挑做法

腾蛟苏步青故居　　　　　　　　　　　　司厅巷洪宅

坡南街某宅　　　　　　　　　　　　　　碗窑朱宅

图 3.32　出跳斗拱做法

碗窑村朱宅（247 号），也是典型的出两跳斗拱，有趣的是，坡南街某宅与碗窑村朱宅的大斗做法与宁波月湖相同，都是圆形大斗，体现了独到的地域特色（图 3.32）。

（2）插拱

插拱是近似于斗拱的做法。与斗拱不同，插拱的拱木并不放置在斗上，而是直接插入柱子中，也叫作"丁头拱连续出跳结构"。"插拱"一词最早出现在民国时期的《中国营造学社汇刊》第三卷第三期，梁思成翻译日本学者田边泰的《大唐五山诸堂图》中，其中的"第十一图为灵隐鼓台，其上层使用插拱"条目下有梁思成的注释："译者注，插拱乃重叠之拱，后端插于柱内，非载于座斗之上，如奈良东大寺中门。"

插拱做法可以分为三类（图 3.33）。第一类即为标准型插拱。标准型插拱出现的时间最早，形制与"后端插于柱内的重叠之拱"的定义最为吻合，一般出三跳以上。早期插拱类型注重构件的力学性能，结构非常合理。通常整个插拱体系贯穿檐部内外，重叠的拱木形成三角形，作为支点利用杠杆原理平衡挑檐的荷载。该类型与宋代传播到日本的镰仓大佛样的插拱构造十分接近，当是比较早期的插拱做法。如永泰县嵩口镇垄口祖厝（49 号），始建于宋，由 18 代子孙郑高公重建于明万历年间（约

140

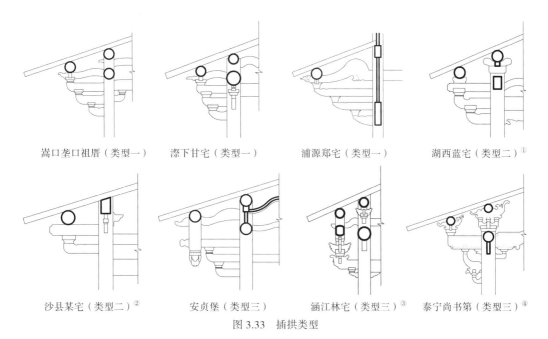

嵩口垄口祖厝（类型一）　　漈下甘宅（类型一）　　浦源郑宅（类型一）　　湖西蓝宅（类型二）[①]

沙县某宅（类型二）[②]　　　安贞堡（类型三）　　涵江林宅（类型三）[③]　　泰宁尚书第（类型三）[④]

图 3.33　插拱类型

1593），现存为文贤公于清康熙年间（约 1768）再度重建。主体建筑底层檐部插拱向前出三跳，向后出一跳，支撑上部"猫梁"，最上端一根拱木后部穿入屋内，成整体的穿斗构架的一部分。屏南县漈下村甘宅（46 号）正房前檐也同样为向前出三跳的插拱，与垄口祖厝不同的是，甘宅插拱并未向后出跳，而是向两侧各出一跳。标准型插拱有两个最主要的特点：①不只向外部出跳；②插拱和内部梁架有联系。这些特点表明，该型插拱的结构作用很强。

　　第二类为简化型插拱，是现存实例最多的插拱类型，一般在清代民居中非常多见，是较晚时代的做法。其特点是结构简化，插拱只向檐部出挑，不再向檐柱内部延伸，失去了早期利用杠杆原理挑檐的特征。这一时期的插拱开始出现雕花与装饰化变形，可以看出其装饰的用途要高于结构的用途。如漳浦县湖西村蓝廷珍宅（78 号），主屋前檐为出两跳插拱。又如沙县建国路东巷 29 号（110 号）做法则更为简单，仅出一跳，支撑挑檐枋。

　　第三类为变形插拱，这是各种外来文化影响下的产物，也就是说，是插拱做法与其他挑檐做法的折中。主要分为与插拱做法如吊柱相结合或者与牛腿做法相结合的两

① 改绘自：戴志坚. 福建民居 [M]. 北京：中国建筑工业出版社，2009：143.
② 改绘自：戴志坚. 福建民居 [M]. 北京：中国建筑工业出版社，2009：226.
③ 改绘自：高鉁明，王乃香，陈瑜. 福建民居 [M]. 北京：中国建筑工业出版社 1987：144.
④ 改绘自：高鉁明，王乃香，陈瑜. 福建民居 [M]. 北京：中国建筑工业出版社 1987：239.

永泰嵩口

德化承泽

屏南漈下

泰顺百福岩

图 3.34　插拱做法

种倾向。永安市槐南乡安贞堡（107 号）厅堂前檐为两跳插拱与垂花柱的结合，除了垂花柱外，其余构件并没有过多装饰和变形。而莆田市涵江区林宅（51 号），也叫"馨美堂"，建于 1940 年。同样是插拱与吊柱的结合，构件的变形与雕刻却非常丰富，几乎无法辨认其原始结构逻辑。整体为两跳插拱直接承托吊柱，而散斗和拱木都做了装饰化的变形。但吊柱并未垂下，而是被插拱支撑，也就是说，馨美堂的挑檐采用的是插拱支撑短柱，短柱上托挑檐檩的做法。短柱、檐柱与穿枋、插拱组成了矩形框架结构，并且其上部穿枋与下部插拱均向内延伸，加强了结构整体性，减少了吊柱与下部插拱不直接连接而带来的稳定性损失。林宅出檐不多，可以说其挑檐做法大多是为了装饰，这与其建造时代较晚也有很大的关系。插拱与牛腿结合的典型案例为泰宁尚书第（178 号）正厅前檐做法。整体来看，挑檐枋下的构件非常像牛腿，但该牛腿形构件确实由两跳插拱组成，而且去除装饰要素，其为比较标准的前出两跳，后出一跳插拱。但所有的拱木都进行了变形，这种曲线的拱木被当地称为"象鼻拱"。可以说，这是用插拱的做法去模仿牛腿挑檐装饰性的一种尝试（图 3.34）。

吊柱

　　檐口下方有一种不落地，悬在梁下的柱子，具有承接檐部重量和装饰的双重作用，一般通称为"垂花柱",福建地区方言中称之为"<u>吊筒</u>",由于其末端经常被雕刻成花篮或莲花的样式,因此也称作"<u>吊篮</u>"。

垂花柱形:垂花柱是中国传统建筑中普遍存在的一种构造做法,但不同的地域,垂花柱的用法有所不同,清华大学的张力智将垂花柱的用法总结为 6 类:中国北方地区住宅院落二门(内门)前檐装饰,也称为"垂花门";北方民居住宅影壁装饰;佛教建筑中的道帐、神橱、转轮经藏、藏经阁、佛塔中的垂花柱装饰;建筑结构减柱位置的垂花柱处理;西南地区吊脚楼出挑楼板下方的垂花柱;闽南地区公共建筑檐口的垂花柱装饰。[①]实际上,在浙闽地区,垂花柱的做法不仅仅局限于公共建筑,在居住建筑中也被大量采用。

垂花柱用作挑檐构件,是福建地区比较常见的檐部做法,如泉州亭店杨阿苗宅(74号)大门的垂花柱,往往更强调装饰性,因此垂花柱整体比较粗壮,雕刻的花纹也比较细致。福州宫巷刘宅(3 号)正房后檐的挑檐做法是整体由垂花柱、檐柱与两根穿枋形成矩形框架,上部穿枋连接后部结构为主要支撑构件,下部穿枋比较细,为联系稳定构件,由于是后檐构件,垂花柱下端装饰比较简单。再如永安市槐南乡的安贞堡(107号),有很多种不同的垂花柱形挑檐做法。在护厝的二层挑檐采用了与刘宅类似的由垂花柱、檐柱与两根穿枋形成矩形框架的构造方式,不同的是,下部穿枋穿入内部梁架,为主要结构构件,上部穿枋为联系构件(图 3.35)。

为了维持垂花柱结构的稳定性,有时会将垂花柱与斜撑或插拱做法结合。如温州市平阳县腾蛟镇的苏步青故居(230 号)侧面与背面挑檐构造都是将垂花柱结构中矩形框架的下部穿枋简化为斜撑,这样形成的三角形结构不仅更为稳固,而且斜撑也可以不用深入室内构架以谋求更高的稳定性。同样的做法,在丽水景宁县桃源村、温州平阳县青街镇都有出现(图 3.36)。

福州宫巷刘宅   安贞堡围屋

图 3.35 垂花柱做法

腾蛟苏步青故居　　　　　　　　　　　景宁桃源村某宅

图 3.36　垂花柱与斜撑结合

　　垂花柱与插拱结合的做法也相当普遍，如尤溪县桂峰村蔡氏祖庙。蔡氏祖庙位于桂峰村中心，始建于宋元时期，清乾隆五十五年（1790）六月廿二夜，周围民房起火殃及祖庙，遂于次年重建。蔡氏祖庙前檐是典型的垂花柱与插拱结合的做法。整体结构分上下两部分，上部为垂花柱结构，垂花柱、檐柱与两根穿枋组合成矩形框架；下半部为插拱结构，向外出三跳，向内出一跳（图 3.37）。

桂峰蔡氏祖庙

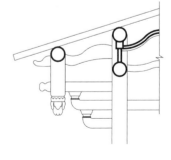

安贞堡主屋一层前檐

图 3.37　垂花柱与插拱结合

格头连氏祖厝　　　　　　　　三坊七巷某宅

图 3.38　束柱形做法

束柱形：吊柱下端并不雕刻装饰，而是直接骑在穿枋上。这种做法类似于穿斗式构架中的束柱做法，是比较原始、素朴的做法。一般出现在不重要的侧檐、后檐、披檐或附属建筑上。如德化格头连氏祖厝（100 号），侧面和正面的披檐就采用了束柱挑檐的做法。福州三坊七巷住宅中，正房后檐也多用这种做法。束柱挑檐和垂花柱挑檐在结构原理和形制上都比较接近，即两根穿枋与束柱、檐柱组成矩形框架，只是束柱本身不施装饰，也是一种等级较低的做法（图 3.38）。

斜撑与牛腿

（1）斜撑

斜撑即用斜向构件支撑穿枋来挑檐的做法。这撑本是一种非常古老的挑檐做法，根据杨鸿勋的研究，斜撑很可能是在西周晚期由擎檐柱演化而来的。斜撑样式一般为直线或曲线，也可以做成复杂的多段曲线样式或镂空雕花（图 3.39）。

（2）牛腿

所谓牛腿，就是位于柱头向外悬挑的直角梯形短梁。以徽派建筑为代表的雕刻精美的牛腿在浙闽地区大多分布在浙江中西部和福建西北区域，牛腿总体上分为两种类型：一种是呈三角板块状牛腿，用上好木材锯成牛腿状，再进行雕刻；另一种是用整料雕成立体的狮、鹿、仙人、凤鸟、松花等形状。这两种牛腿，上面均置琴枋，琴枋上多刻戏曲故事的浮雕，并上置短花篮柱承托挑檐梁。

根据丁俊清的研究，牛腿装饰风格从简单的线刻向细腻烦冗的镂空雕、圆雕发展。明初是木工活，基本形状是壶瓶嘴、倒挂龙或简单的变夔，基本是模式化的朴素的流云卷草纹阴刻线。明中期演变成倒挂龙状，雕饰范围扩大到上部斗拱，手法为浅浮雕。明末出现人物、山水、动物的雕饰。清乾隆以后多见卷草龙，清后期多雕饰山水楼阁、人物故事等图案。[1]

---

① 丁俊清 . 浙江民居 [M]. 北京：中国建筑工业出版社，2009：252.

台州路桥某宅 景宁小佐严宅

图 3.39　斜撑做法

　　牛腿做法在某种程度上继承了斗拱的结构意向。如东阳史家庄花厅的挑檐牛腿（267号），牛腿本身呈直角梯形，并有丰富的雕刻，而上部琴枋支撑圆形小柱承托檐檩，同时小柱和檐柱上都有雀替装饰，整体和出一跳斗拱的形制并无区别。又如临海桃渚所城柳宅正屋前檐牛腿，也与史家庄花厅的挑檐牛腿在构成上非常相似。

　　牛腿做法并不是东南民居的传统做法，福建地区典型的牛腿做法较少，如福鼎白琳洋里大厝（21号），该大厝建于乾隆十年（1745）历时 13 年完成，整体布局三列三进，加左右横屋（护厝），占地 10 560 平方米，有 192 个房间。该大厝正房一层前檐采用牛腿挑檐，牛腿雕刻精美，但牛腿上部的琴枋依旧采用成插拱的形制，牛腿下部的拱形托架也是一般的牛腿构造所没有的。可以说，福建地区的牛腿做法是受外来文化影响的产物，并且其本身的固有文化特征尚未彻底消失（图 3.40）。

其他挑檐做法

　　（1）挑檐枋

　　檐檩直接搁在出挑的枋子上的做法，在日本叫作"出桁造"。由于枋子挑檐能力有限，这种做法的出檐较浅。

缙云河阳村祠堂　　　　东阳史家庄花厅[①]　　　福鼎白琳洋里大厝[②]　　　临海桃渚古城柳宅

图 3.40　牛腿做法

　　挑檐枋做法常常出现在民居建筑的侧面、背面、厢房等等级比较低的部位，是一种简化结构。也有的挑檐枋雕刻成曲线，有一定的装饰意味，如周宁县浦源郑宅（郑应文故居）（44号）厢房挑檐做法。郑应文故居是一个简单的一进四合院，整体为两层，厢房一层和正房采用插拱挑檐，厢房二层直接用穿枋支撑檐檩。值得注意的是，挑檐的穿枋并非一根直木，而是末端向下弯曲，同时上部形成碗状包住檩条，造型非常有趣。这种加工过的出桁做法在美观的同时也增加了整体结构的稳定性（图 3.41）。

　　（2）无挑檐做法

　　一般来说，规模很小的独栋民宅由于受到经济条件等的限制，有些会省略复杂的挑檐结构，采用檐柱直接支撑檐檩的无挑檐做法。然而在福建西南部客家人聚居的地区和广东潮汕地区，很多较大规模的民居也没有挑檐构件，檐檩直搁在檐柱顶端，出

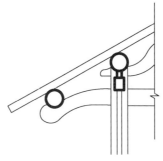

图 3.41　浦源郑应文故居厢房的挑檐枋

①　丁俊清. 浙江民居 [M]. 北京：中国建筑工业出版社，2009：178.
②　戴志坚. 福建民居 [M]. 北京：中国建筑工业出版社，2009：185.

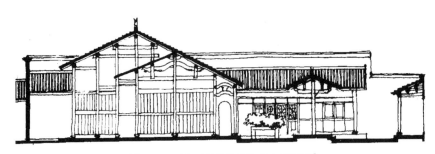

图 3.42　正房不做挑檐结构的辛耕别墅[①]

檐很浅，这可能是由于客家人原本生活在北方，较晚才迁徙到南部山区，沿用了北方民居出檐少的做法。比如长汀辛耕别墅（124 号，图 3.42），整体为简单的两进四合院，房屋主体与院墙脱开，全部为木结构，然而整体却并没有采用任何挑檐结构。

挑檐做法的等级性

　　古代中国一直是等级社会，会采用各种方式体现身份与地位。官式建筑以斗拱的复杂性体现等级，而浙闽地区传统风土建筑，则以挑檐做法来体现身份与等级。不同的地域有不同的挑檐做法，也形成了不同的挑檐做法等级次序。

　　（1）浙东、浙南地区挑檐构造的等级性

　　浙东、浙南地区风土建筑的挑檐构造中，等级最高的无疑是斗拱做法，斗拱出跳数的多少也直接反映了等级的高低。其次是牛腿做法，牛腿由于雕刻丰富，装饰性强，也是民间爱用的挑檐方式。最后为斜撑做法，斜撑构造简单，是等级最低的挑檐方式。

　　挑檐构造的等级性不仅仅是不同住宅财力、地位的体现，同一栋住宅中，不同的部位也会采用不同的挑檐构造以区分等级。比如温州平阳县腾蛟镇苏步青故居（230 号）的正面挑檐采用出一跳斗拱，而侧面与背面挑檐则采用斜撑与垂花柱结合的做法。另一个例子是台州市黄岩区司厅巷 20 号王宅。王宅平面为四合院，东厢房经历过改建。正房前檐为出两跳斗拱，而西厢房前檐为一斗三升做法，改建的东厢房则采用了牛腿做法。同样是司厅巷的 32 号洪宅（226 号），正房与厢房前檐全部采用出两跳斗拱，而倒座房则采用了斜撑做法。

　　浙东、浙南地区也残存了少量的插拱做法。如宁波市月湖西区青石街闻宅（222 号）的正房前檐为斗口挑做法，厢房为形似牛腿的插拱做法。而台州市黄岩区黄土岭村虞宅（217 号），则所有面向内院天井的檐部都采用插拱做法，面向外的后檐采用斜撑做法（图 3.43）。

① 高鉁明，王乃香，陈瑜 . 福建民居 [M]. 北京：中国建筑工业出版社，1987：238.

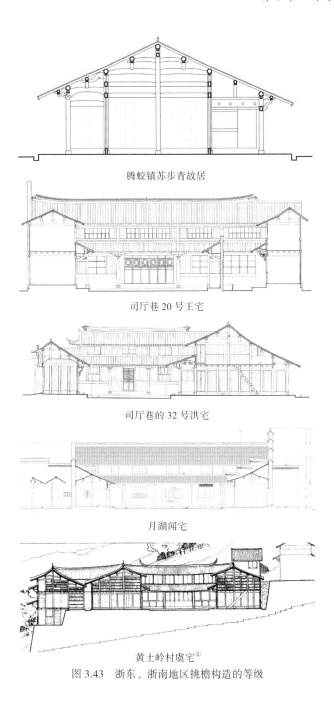

腾蛟镇苏步青故居

司厅巷 20 号王宅

司厅巷的 32 号洪宅

月湖闻宅

黄土岭村虞宅[1]

图 3.43　浙东、浙南地区挑檐构造的等级

---

① 中国建筑技术发展中心建筑历史研究所 . 浙江民居 [M]. 北京：中国建筑工业出版社，1984：270.

仅使用牛腿 仅使用斜撑

图 3.44　廿八都镇风土建筑中的挑檐等级

综上所述，在浙东、浙南地区，挑檐做法的等级为：

斗拱（出两跳）＞斗拱（出一跳以下）≈插拱≈牛腿＞斜撑

（2）浙西、浙中与闽北地区挑檐做法的等级性

浙西、浙中与闽北地区的挑檐做法，以牛腿为最高等级。牛腿所选用的木料与牛腿上的雕刻、纹饰直接反映了户主的身份与财力。不富裕的家庭，一般采用斜撑挑檐做法，而大户人家则都用牛腿。有趣的是，同一户住宅中，同时使用斜撑和牛腿做法的案例很少。如江山市廿八都镇风土建筑，同样是面向天井的檐部构造，却有全用斜撑和全用牛腿两种完全不同的做法，可以说，牛腿做法与斜撑做法的区别，就是等级的差别（图 3.44）。

故，浙西、浙中与闽北地区，挑檐做法的等级为：

牛腿＞斜撑

（3）闽东、闽中、闽南地区挑檐做法的等级性

在闽东、闽中、闽南地区的挑檐做法中，以插拱做法为最高等级。而插拱做法出跳数的多少则直接反映了户主的身份与财力。也就是说，出三跳以上的插拱为最上级，而出两跳及以下的插拱就略有简素的感觉。在有些地区，插拱与垂花柱结合的做法也有较高的等级。相对而言，吊柱、挑檐枋等做法的等级则较低，一般不在正面。

例如泉州德化县格头村连氏祖厝（100 号，图 3.45），在正面主檐采用插拱做法，而后檐与两侧抱厦则仅用吊柱和挑檐枋做法。又如三明尤溪县桂峰村蔡氏祖庙，由大门、主厝和回廊三部分组成。主厝一层前檐为插拱与垂花柱的组合做法，大门的正面挑檐为三跳插拱，主厝二层为两跳插拱，回廊与主厝侧面、后部则仅采用吊柱做法。而永安市槐南乡安贞堡（107 号，图 3.46），由于土堡复杂的平面形式，也使其呈现出多样的挑檐构造。外围的护厝采用了垂花柱做法，而核心的合院则采用垂花柱与插拱结合的做法。有意思的是，正房明间正面挑檐使用垂花柱与两跳插拱的结合，次间正面挑檐为垂花柱与三跳插拱的结合，但明间的垂花柱雕刻更为复杂。也就是说，在安贞

底层前轩　　　　　　　　正面中央　　　　　　　　剖面图

正面两侧　　　　　　　　　　　　　　　　　侧面

图 3.45　格头连氏祖厝的挑檐做法等级

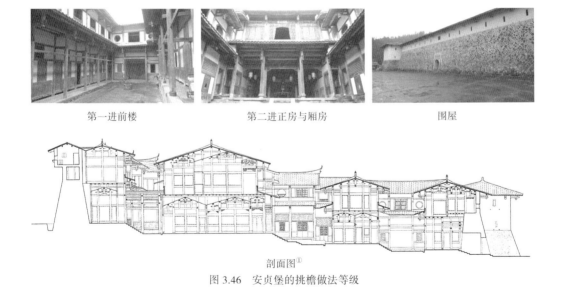

第一进前楼　　　　　　　第二进正房与厢房　　　　　　　围屋

剖面图①

图 3.46　安贞堡的挑檐做法等级

---

① 李秋香，罗德胤，贺从容，等. 福建民居 [M]. 北京：清华大学出版社，2010：201.

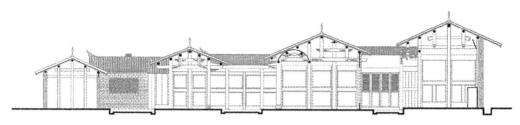

图 3.47　凝禧堂的挑檐做法等级[①]

堡内，挑檐做法的等级更多的是依靠垂花柱的样式来体现的。

同样是正房前檐，也会出现挑檐做法不同的情况。如福州永泰县嵩口镇垄口祖厝（49号）的正房明间前檐采用了出三跳的插拱，而次间前檐只用吊柱构造。

总而言之，在闽东、闽中地区，挑檐做法的等级为：

三跳以上插拱≈插拱与垂花柱结合＞两跳以下插拱＞垂花柱＞吊柱≈挑檐枋

（4）闽西客家地区挑檐构造的等级性

闽西客家地区的挑檐做法中，等级最高的为垂花柱构造。该地区也有插拱做法，但已经不是主流。而较低等级的做法则以简素的挑檐枋做法居多，有些甚至不做挑檐结构。例如龙岩连城县芷溪村凝禧堂（150号，图 3.47），平面形式为四进合院。中轴线上依次为倒座、埕、下厅、大厅、后厅。从剖面上看，从倒座到后厅，建筑逐渐增高，显示出建筑地位的逐渐提高。此外，各建筑的挑檐构造也各不相同：倒座无挑檐；下厅的前后檐为简单的挑檐枋构造；而大厅的前檐为插拱做法的变形，后檐为挑檐枋直接挑檐；到了祭祀祖先的后厅，正面为垂花柱挑檐，而后檐由于无法看到，直接用砖墙封住而没有挑檐构造。

也就是说，客家地区挑檐做法的等级为：

垂花柱＞插拱＞挑檐枋＞不使用挑檐构造

挑檐做法的地域性

浙闽风土建筑挑檐构造类型一览如表 3.10 所示。由于大型住宅往往有多种挑檐做法，本表所统计的都是住宅正房明间的挑檐方式。插拱做法记为"插"，其中三跳及以上的插拱做法记为"插 -1"，两跳及以下插拱做法记为"插 -2"；插拱做法的变形记为"插 -3"。斗拱做法记为"拱"；吊柱做法记为"吊"，其中简单的吊柱做法记为"吊 -1"，垂花柱做法记为"吊 -2"，吊柱与插拱的结合记为"吊 -3"。牛腿做法记为"牛"；斜撑做法记为"斜"；挑檐枋做法记为"挑"；不采用任何挑檐构造的记为"无"；不明和未调查的情况记为"–"。

---

① 戴志坚.福建民居 [M].北京：中国建筑工业出版社，2009：261.

表 3.10　挑檐构造类型一览

地域	编号	案例	年代	前檐	后檐	编号	案例	年代	前檐	后檐
闽东地区	001	福州埕宅	–	插 –1	插 –1	002	福州扬岐游宅	民国	挑	无
	003	福州宫巷刘宅	清	吊 –2	挑	004	福州某宅	–	插 –1	插 –1
	005	永泰李宅	–	–	–	006	古田松台某宅	–	–	–
	007	古田张宅	–	–	–	008	古田利洋花厝	–	吊 –2	无
	009	古田沽洋陈宅	–	插 –1	插 –2	010	古田吴厝里某宅	–	–	–
	011	古田风埔某宅	–	–	–	012	古田于宅	–	插 –1	无
	013	福安茜洋桥头某宅	–	–	–	014	闽清东城厝	–	吊 –3	插 –1
	015	楼下保合太和宅	–	插 –1	挑	016	楼下两兄弟住宅	–	–	–
	017	福安楼下王炳忠宅	–	插 –1	吊 –2	018	福州宫巷沈宅	明末	插 –1	挑
	019	福州文儒坊陈宅	清	–	–	020	福州衣锦坊欧阳宅	1890 年	–	–
	021	福鼎白琳洋里大厝	1745 年	牛	斜	022	闽清坂东岐庐	1853 年	插 –2	–
	023	宁德霍童下街陈宅	清中期	插 –1	插 –1	024	宁德霍童黄宅	清中期	–	插 –1
	025	宁德霍童下街 72 号	清中期	插 –1	插 –1	026	半月里雷世儒宅	1848 年	插 –1	无
	027	半月里雷位进宅	清中期	插 –1	挑	028	福安坦洋王宅	清末	插 –1	挑
	029	福安坦洋郭宅	清末	插 –1	挑	030	福安坦洋胡宅	清末	插 –1	挑
	031	廉村就日瞻云宅	清中期	插 –1	挑	032	廉村甲算延龄宅	清末	插 –1	插 –1
	033	桂峰楼坪厅大厝	清初期	插 –1	吊 –1	034	桂峰后门山大厝	明末	插 –1	吊 –1
	035	桂峰后门岭大厝	1747 年	插 –1	插 –2	036	福清一都东关寨	1736 年	–	–
	037	闽清某宅	–	–	–	038	闽清宏琳厝	1795 年	插 –1	–
	039	尤溪某农家	–	–	–	040	罗源梧桐五鱼厝	清初期	插 –1	挑
	041	罗源梧桐水仙关	清	插 –1	挑	042	罗源梧桐孔照厝	清	插 –1	挑
	043	罗源梧桐旗杆里	民国	插 –1	挑	044	周宁浦源郑宅	清末	插 –1	挑
	045	屏南漈头张宅	清	插 –1	挑	046	屏南漈下甘宅	明末	插 –1	挑
	047	屏南漈下某宅	明末	插 –2	挑	048	尤溪桂峰蔡宅	清	–	–
	049	永泰嵩口垄口祖厝	1768 年	插 –1	吊 –1	050	福鼎西阳陈宅	–	插 –1	–
莆仙地区	051	涵江林宅	1940 年	吊 –3	无	052	莆田江口某宅	–	吊 –3	无
	053	仙游陈宅	明末	吊 –3	无	054	仙游榜头仙水大厅	1446 年	–	–
	055	涵江江口佘宅	–	吊 –3	无	056	仙游仙华陈宅	–	–	–
	057	仙游枫亭陈和发宅	–	–	–	058	仙游坂头鸳鸯大厝	1911 年	吊 –2	–
	059	莆田大宗伯第	1592 年	–	–					
闽南地区	060	永春郑宅	1910 年	吊 –3	插 –2	061	漳平上桂林黄宅	清中期	插 –2	无
	062	漳平下桂林刘宅	清	插 –2	插 –2	063	泉州吴宅	清中期	–	–
	064	泉州蔡宅	1904 年	插 –1	无	065	泉州某宅	–	插 –2	挑
	066	泉州黄宅	–	吊 –2	挑	067	晋江青阳庄宅	1934 年	插 –3	吊 –2
	068	晋江某宅	–	插 –3	无	069	晋江大伦蔡宅	–	插 –2	无
	070	集美陈宅	–	挑	挑	071	集美陈氏住宅	–	插 –2	无
	072	漳州南门某住宅	–	插 –2	挑	073	龙岩新邱厝	1888 年	插 –2	挑

续表

地域	编号	案例	年代	前檐	后檐	编号	案例	年代	前檐	后檐
闽南地区	074	泉州亭店杨阿苗宅	1894年	插-2	吊-2	075	南安官桥蔡资深宅	清	–	–
	076	泉州泉港黄素石楼	1741年	–	–	077	南安石井中宪第	1728年	–	–
	078	漳浦湖西蓝廷珍宅	清中期	插-2	吊-1	079	漳州官园蔡竹禅宅	清中期	–	–
	080	厦门鼓浪屿大夫第	1796年	–	–	081	漳浦湖西赵家堡	明末	–	–
	082	德化硕杰大兴堡	1722年	–	–	083	华安岱山齐云楼	1862年	挑	–
	084	华安大地二宜楼	1740年	–	–	085	漳浦深土锦江楼	1791年	–	–
	086	晋江石狮镇某宅	–	插-1	无	087	晋江大伦乡某宅	–	插-2	无
	088	龙岩适中太和楼	–	挑		089	龙岩毛主席旧居	–	–	–
	090	龙岩适中典常楼	1784年	吊-1	挑	091	南安湖内村土楼	清末	插-2	无
	092	南安炉中村土楼	1857年	插-2	无	093	南安南厅映峰楼	明末	插-2	无
	094	南安朵桥聚奎楼	清中期	插-2	无	095	南安铺前庆原楼	清	插-2	无
	096	安溪玳瑁德美楼	民国	插-2	挑	097	安溪山后村土楼	清	挑	挑
	098	安溪玳瑁联芳楼	清末	挑	挑	099	德化承泽黄宅	民国	插-1	–
	100	德化格头连氏祖厝	1508年	插-2	吊-1					
闽中地区	101	永安西洋邢宅	–	吊-3	挑	102	三明莘口陈宅	–	挑	挑
	103	三明魏宅	民国	–	–	104	三明列西罗宅	–	–	–
	105	三明列西吴宅	–	挑	无	106	永安小陶某宅	–	–	–
	107	永安安贞堡	1885年	吊-3	吊-2	108	沙县茶丰峡孝子坊	1829年	–	–
	109	三元莘口松庆堡	清中期	–	–	110	沙县建国路东巷宅	清末	插-2	挑
	111	沙县东大路72号	清末	挑	挑	112	贡川机垣杨公祠	1778年	插-3	挑
	113	永安贡川金鱼堂	1624年	插-1	插-1	114	永安贡川严进士宅	明末	插-1	挑
	115	永安福庄某宅	–	–	–	116	永安青水东兴堂	1810年	插-2	无
闽西客家地区	117	上杭古田八甲廖宅	–	插-2	吊-1	118	新泉张宅	–	挑	无
	119	新泉芷溪黄宅	–	插-3	无	120	新泉张氏住宅	–	插-3	无
	121	新泉望云草堂	–	牛	无	122	连城莒溪罗宅	–	–	–
	123	长汀洪家巷罗宅	–	无	无	124	长汀辛耕别墅	–	无	无
	125	上杭古田张宅	–	插-3	挑	126	连城培田双善堂	清中期	–	–
	127	连城培田敦朴堂	–	牛	无	128	连城培田双灼堂	清末	牛	无
	129	连城培田继述堂	1829年	–	–	130	连城培田济美堂	清末	牛	无
	131	南靖石桥村永安楼	16世纪	挑	挑	132	南靖石桥村昭德楼	–	挑	挑
	133	南靖石桥村长篮楼	清	挑	挑	134	南靖石桥村逢源楼	–	插-2	挑
	135	南靖石桥村振德楼	清中期	插-2	挑	136	南靖石桥村顺裕楼	1927年	插-2	插-2
	137	南靖田螺坑步云楼	清初期	–	吊	138	南靖梅林和贵楼	1926年	挑	挑
	139	平和西安西爽楼	1679年	–	–	140	永定高陂遗经楼	1806年	挑	挑
	141	永定高北承启楼	1709年	插-3	挑	142	永定湖坑振成楼	1912年	–	–
	143	平和芦溪厥宁楼	1720年	–	挑	144	南靖梅林怀远楼	1909年	插-3	挑
	145	永定高陂大夫第	1828年	插-3	挑	146	永定洪坑福裕楼	1880年	–	–

续表

地域	编号	案例	年代	前檐	后檐	编号	案例	年代	前檐	后檐
闽西客家地区	147	连城培田官厅	明末	插-3	挑	148	连城培田都阃府	–	–	–
	149	连城芷溪集鳣堂	清初期	挑	挑	150	连城芷溪凝禧堂	清末	挑	无
	151	连城芷溪绍德堂	清中期	牛	挑	152	连城芷溪培兰堂	清末	牛	无
	153	连城芷溪蹑云山房	清末	挑	无	154	永定抚市某宅	–	插-3	–
	155	永定鹊岭村长福楼	民国	挑	挑					
闽北地区	156	建瓯伍石村冯宅	–	牛	牛	157	建瓯朱宅	–	–	–
	158	浦城中坊叶氏住宅	–	挑	无	159	浦城上坊叶氏大厝	清	挑	无
	160	浦城观前饶加年宅	–	挑	无	161	浦城观前余天孙宅	–	牛	挑
	162	浦城观前余有莲宅	–	挑	挑	163	浦城观前张宅	–	牛	挑
	164	下梅邹氏大夫第	1754年	牛	无	165	下梅儒学正堂	清中期	牛	无
	166	武夷山下梅参军第	清中期	牛	无	167	崇安郊区蓝汤应宅			
	168	南平洛洋村某宅	–	插-2	–	169	邵武中书第	明末	插-3	挑
	170	和平廖氏大夫第	清末	牛	挑	171	邵武金坑儒林郎第	1632年	牛	挑
	172	邵武金坑16号李宅	–	牛	挑	173	邵武金坑中翰第	–	无	无
	174	邵武大埠岗中翰第	–	牛	挑	175	和平李氏大夫第	清末	牛	挑
	176	宁化安远某宅	–	–	–	177	建宁丁宅	–	插-2	挑
	178	泰宁尚书第	明末	插-3	无	179	光泽崇仁裘宅	明末	牛	–
	180	光泽崇仁龚宅	明末	牛	挑	181	和平黄氏大夫第	明	–	–
广东潮汕地区	182	潮州弘农旧家	–	–	–	183	揭阳新亨北良某宅		无	无
	184	潮阳棉城某宅	–	–	–	185	棉城义立厅某宅	–	挑	无
	186	揭阳锡西乡某宅	–	无	无	187	潮州许驸马府	传说宋	插-3	吊-1
	188	潮州三达尊黄府	明末			189	潮阳桃溪乡图库			
	190	普宁洪阳新寨				191	潮安坑门乡扬厝寨			
	192	潮安象埔寨	传说宋			193	潮州莘厝巷王宅			
	194	潮州池墘饶宅				195	普宁泥沟某宅	–	无	无
	196	澄海城关安庆巷宅		无	无	197	潮州梨花梦处书斋	清末	挑	无
	198	澄海樟林某宅		无	无					
浙东地区	199	宁波张煌言故居	–	–	–	200	宁波庄市镇葛宅	–	–	–
	201	庄市镇大树下某宅	–	–	–	202	奉化岩头毛氏旧宅	–	牛	–
	203	走马塘村老流房	–	–	–	204	慈城甲第世家	明末	–	–
	205	慈溪龙山镇天叙堂	1929年	–	–	206	诸暨斯宅斯盛居	清中期	–	–
	207	诸暨斯宅发祥居	1790年	–	–	208	斯宅华国公别墅	–	–	–
	209	天台妙山巷怀德楼	–	拱	拱	210	天台城关茂宝堂	–	拱	拱
	211	天台城关张文郁宅	明末	–	–	212	天台街头余氏民居		拱	–
	213	绍兴仓桥直街施宅	–	无	无	214	绍兴题扇桥某宅	–	无	无
	215	绍兴下大路陈宅	–	无	无	216	宁波鄞江镇陈宅	–	无	无
	217	黄岩黄土岭虞宅	–	插-3	斜	218	黄岩天长街某宅	–	斜	无

续表

地域	编号	案例	年代	前檐	后檐	编号	案例	年代	前檐	后檐
浙东地区	219	天台紫来楼	清	拱	无	220	月湖中营巷张宅	清	拱	无
	221	月湖天一巷刘宅	民国	拱	无	222	月湖青石街闻宅	清	拱	无
	223	月湖青石街张宅	清	拱	插-3	224	黄岩司厅巷汪宅	民国	拱	无
	225	司厅巷16号张宅	清末	拱	斜	226	司厅巷32号洪宅	清	拱	斜
浙南地区	227	永嘉埭头陈宅	清末	–	–	228	泰顺上洪黄宅	–	插-2	吊-1
	229	平阳顺溪户侯第	清	–	–	230	腾蛟苏步青故居	民国	拱	斜
	231	永嘉芙蓉村北甲宅	–	拱	挑	232	永嘉芙蓉村北乙宅	–	–	–
	233	永嘉水云十五间宅	清末	拱	无	234	永嘉花坛"宋宅"	传说宋	拱	拱
	235	埭头松风水月宅	清	拱	无	236	永嘉蓬溪村谢宅	–	拱	斜
	237	永嘉林坑毛步松宅	–	无	无	238	永嘉东占坳黄宅	–	拱	无
	239	景宁小佐严宅	民国	斜	斜	240	景宁桃源某宅	清	牛	插-2
	241	文成梧溪富宅	清末	拱	斜	242	永嘉林坑某宅	–	拱	无
	243	永嘉埭头陈贤楼宅	清	拱	斜	244	乐清黄檀洞某宅	–	拱	–
	245	平阳坡南黄宅	清	拱	–	246	青街李氏二份大屋	清	拱	斜
	247	苍南碗窑朱宅	清	拱	斜	248	泰顺百福岩周宅	清	插-2	斜
浙西地区	249	龙游丁家某宅	–	–	–	250	龙游若塘丁宅	–	–	–
	251	龙游脉元龚氏住宅	–	–	–	252	兰溪长乐村望云楼	明	牛	无
	253	龙游溪口傅家大院	–	–	–	254	松阳望松黄家大院	–	牛	无
	255	廿八都丁家大院	–	牛	牛	256	江山廿八都杨宅	–	牛	无
	257	松阳李坑村46号	–	–	–	258	衢州峡口徐开校宅	1910年	牛	无
	259	衢州峡口徐瑞阳宅	清末	斜	无	260	衢州峡口徐文金宅	–	牛	无
	261	衢州峡口郑百万宅	清	牛	无	262	衢州峡口刘文贵宅	清	无	无
	263	衢州峡口周树根宅	民国	牛	无	264	衢州峡口周朝柱宅	民国	牛	无
	265	遂昌王村口某宅	–	牛	斜					
浙中地区	266	东阳白坦乡务本堂	清	牛	牛	267	东阳史家庄花厅	–	牛	无
	268	武义俞源声远堂	明末	牛	无	269	武义郭洞燕翼堂	–	无	无
	270	磐安樟溪余庆堂	–	–	–	271	河阳循规映月宅	–	牛	无
	272	河阳廉让之间宅	–	牛	无	273	东阳黄田畈前台门	–	–	–
	274	义乌雅端容安堂	–	–	–	275	雅畈二村七家厅	明	–	–
	276	东阳紫薇山尚书第	明末	–	–	277	东阳六石镇肇庆堂	明	–	–
	278	武义俞源裕后堂	1785年	牛	无	279	武义俞源上万春堂	–	–	–
	280	东阳马上桥花厅	清	–	–	281	东阳卢宅	明	拱	牛
	282	浦江郑氏义门	清	牛	–	283	建德新叶华尊堂	明	牛	无
	284	建德新叶种德堂	民国	牛	无	285	建德新叶是亦居	民国	牛	无
	286	俞源玉润珠辉宅	–	牛	无	287	武义郭洞新屋里宅	明末	斜	无
	288	武义郭上萃华堂	–	–	–	289	武义郭下慎德堂	–	–	–
	290	东阳巍山镇赵宅	–	无	无	291	东阳水阁庄叶宅	–	牛	无
	292	东阳城西街杜宅	–	–	–	293	缙云河阳朱宅	清	牛	无

　　浙闽地区的挑檐做法虽然千变万化，但是其分布却有着一定的规律。吊柱、插拱与挑檐枋往往更多出现在福建东部地区，斜撑与斗拱在浙江东部地区比较集中，而牛腿则出现在福建和浙江的西部地区（表 3.11，表 3.12）。总体来看，可以将浙闽地区的挑檐做法分为四个区域：浙东南区、闽东南区、江南影响区与客家影响区。

表 3.11　各地域前檐做法统计

	插-1	插-2	插-3	斗拱	吊-1	吊-2	吊-3	牛腿	斜撑	挑	无
闽东	30/37	2/37				2/37	1/37	1/37		1/37	
莆仙						1/5	4/5				
闽南	3/29	16/29	2/29		1/29	1/29	1/29			5/29	
闽中	2/10	2/10	1/10				2/10			3/10	
闽西		4/30	8/30					6/30		10/30	2/30
闽北		2/22	2/22					12/22		4/22	2/22
潮汕			1/8							2/8	5/8
浙东			1/18	11/18				1/18	1/18		4/18
浙南		2/18		13/18				1/18	1/18		1/18
浙西								9/11	1/11		1/11
浙中				1/17				13/17	1/17		2/17

表 3.12　各地域后檐做法统计

	插-1	插-2	插-3	斗拱	吊-1	吊-2	吊-3	牛腿	斜撑	挑	无
闽东	7/33	2/33			3/33	1/33		1/33		15/33	4/33
莆仙											4/4
闽南		2/26			2/26	2/26				9/26	11/26
闽中	1/10					1/10				6/10	2/10
闽西		1/29			1/29					15/29	12/29
闽北								1/21		10/21	10/21
潮汕					1/8						7/8
浙东			1/16	2/16					3/16		10/16
浙南		1/16		1/16	1/16			8/16	1/16		4/16
浙西								1/10	1/10		8/10
浙中								2/16			14/16

　　浙东南区：包括宁波、台州、温州三个市，是浙江东部的沿海地区，以斗拱＋斜撑的挑檐做法为主。其中，北部的宁波地区斗拱多以斗口挑为主，并不出跳，可见其曾受到限制民间使用斗拱政令的控制，而偏南的温州地区则分布着大量的出跳，甚至出两跳的斗拱。与此同时，较原始的斜撑做法也更多地出现在南部的温州地区，因此，在浙东区内，也存在着从北向南做法逐渐原始的趋势。

　　闽东南区：包括除去闽西北南平市大部与西南客家人聚居区大部以外的福建地区。

该地区的挑檐做法以插拱做法为主，辅以吊柱、挑檐枋做法。其中，闽东地区（福州、宁德地区）为较传统的插拱做法，而闽南、莆仙、闽中地区则或多或少受到外来做法的影响，有很多做法的混合与变形。

江南影响区：包括浙江中西部的金华、衢州与闽北地区，受到长江流域风土建筑（徽州、江西、环太湖地区）做法影响很大，挑檐以牛腿与斜撑构造为主。

客家影响区：包括福建西南部与广东潮汕地区，受到岭南珠江流域客家民居做法的影响较大，一般以土、砖结构为主，大多没有木构造挑檐结构。

（1）插拱构造的分布

从插拱构造的分布与方言文化区的关联性来看，有90%左右的插拱做法实例集中在闽东地区。从表3.9—表3.11可以看出，闽东地区以出三跳以上的做法为主，并且没有插拱做法的变形出现。可以说，闽东地区在插拱做法的复杂性、完整性、纯粹性上都高于其他地区，可以说是插拱做法的核心地区。

在插拱做法影响力同样较强的闽南与闽中地区，以简化的插拱做法为主流，且三种类型的插拱做法都存在。在闽西客家地区、莆仙地域和讲赣语方言的闽北地区，以插拱做法的变形为主流，而出三跳的插拱则极少出现，可以说是插拱做法影响力较弱的地区。在广东潮汕、浙东与浙南地区，也受到插拱做法的波及，但插拱做法的实例已经很少。而在浙中、浙西、闽北大部分地区，基本上可以说已经处于插拱做法的影响范围以外。

插拱做法与吊柱、挑檐枋做法存在着关联性，主要分布范围也基本一致。大多数插拱做法与吊柱、挑檐枋做法同时存在于统一建筑中的不同部位。可以说，这些做法当处于统一技术体系。

（2）斗拱做法的分布

斗拱做法基本上只分布在浙东地区，具体来说就是宁波、台州、温州三市的市域范围。浙东以外的一些斗拱做法一般只出现在宗族祠堂或大官僚府邸中。而浙东地区的斗拱做法则是广泛采用的，并且呈现出从北向南普及率越来越高的特点。浙东北部的宁波地区，斗拱的使用主要分布于原宁波府城内的月湖街区等大户人家聚集的区域，并同时存在着一些牛腿做法，而且，就斗拱做法本身而言，也局限于形制简单，等级较低的斗口挑做法。

中部的台州地区，斗拱的做法开始丰富，使用的频率也逐渐增多，出现了出跳的斗拱，然而，台州地区依旧受到了一些外来做法的影响，诸如牛腿等做法也可以看到。

而到了温州地区，特别是瓯江以南地区，则基本以复杂的斗拱做法为主，并且出现了前檐斗拱，后檐斜撑的固定做法组合，体现出了非常牢固的传统定式。而且，在浙江其他地区普遍使用的牛腿做法，在这里也几乎难觅踪迹。可见，整体上，斗拱做法的分布局限于浙东地区并呈现出从北向南分布强度越来越大的特征。这同时也反映出外来强势文化对浙东地区逐渐影响的过程。

斗拱做法则与斜撑构造存在一定的关联性。二者的分布范围基本一致，浙南地区也存在很多前檐用斗拱做法而后檐用斜撑做法的组合。

（3）牛腿做法的分布

牛腿挑檐做法主要分布在浙江西部至福建西北部一线（浙中、浙西与闽北地区），这一地区的住民多是从江西、安徽迁徙而来，部分地区甚至直接将赣语或徽语作为主要方言。案例中，浙中有 76.5%（13/17），浙西有 81.8%（9/11）使用牛腿，牛腿做法呈现出绝对的优势。而在闽北地区则有半数以上（12/22）的案例使用牛腿做法，当为受北面而来的影响所致。

挑檐做法的时代性

（1）斗拱起源说

从青铜器、石窟寺的壁画等案例来看，从战国时代开始我国已经出现了在柱上置横材的斗拱做法原型。后世斗拱逐渐成为挑檐的标准构造，其完善的力学特性与优美的造型成为东亚传统建筑意匠的重要特征。《礼记·礼器》中有"山节藻棁"（唐朝孔颖达注"山节，谓刻柱头为斗拱，形如山也"）的记载，是有关斗拱最早的文字记载。而关于斗拱的起源，杨鸿勋认为"承檐的高级结构——向前后悬臂出挑的斗拱，是由承檐的低级结构——落地支撑的擎檐柱，进化而来的。"[1]他通过殷墟等考古发掘资料、古代文献资料，与山东、湖北等地民居中的落地斜撑、腰撑做法得出了斗拱起源演变说（图 3.48）。并指出，偷心造斗拱早于计心造斗拱。

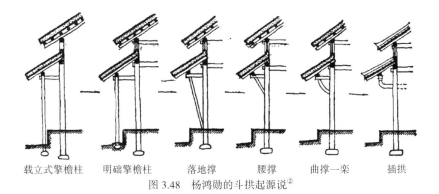

载立式擎檐柱　明础擎檐柱　落地撑　腰撑　曲撑一栾　插拱
图 3.48　杨鸿勋的斗拱起源说[2]

① 杨鸿勋.斗拱起源考察 [C]//1980 年全国科学技术史学术会议论文集，1980：5-16.
② 杨鸿勋.斗拱起源考察 [C]//1980 年全国科学技术史学术会议论文集，1980：9.

杨氏关于挑檐结构变迁的推论，从某种程度上来说有一定的考古学证据。早期的土木结构殿堂为了出檐深远，需要有一定形式的承檐结构。20 世纪 70 年代的一系列考古研究发现，早期建筑主体殿堂檐柱遗迹周围有遗存的小柱洞。杨鸿勋将这些小柱洞鉴定为擎檐柱迹。擎檐柱的平面布置经历了早期河南偃师二里头商初期和湖北黄陂盘龙城商中期宫室的一檐柱对二擎檐柱，到中期河南安阳小屯殷墟"乙十三基址"的一檐柱对一擎檐柱与一檐柱对二擎檐柱相间布置，到最后小屯"乙八基址"的一檐柱对一擎檐柱布置的变化。

河南安阳小屯殷墟的考古提供的另一个重要的材料是铜"质"。据未经扰动的铜质材料出土的位置（台基前沿）和质面上残存的直径 10 余厘米的木柱痕迹可以知道这些是擎檐柱的质，即擎檐柱与砥石柱础之间的垫块。铜质的材料以及其球面泛水的形式（据说出土时质面上还残存漆画的装饰纹样）表明，它是在台基上或散水上露明使用的，也就是说这时的擎檐柱已经不是掘立柱的形制。商代晚期出现了擎檐柱数目减少至与檐柱相等，以及底部提升至台基或散水面这一向上发展的趋势。这一趋势主要在于改善擎檐柱防潮的问题，而按照这一改革思想的逻辑发展，下一步的改革将是擎檐柱底端的进一步提升。

于是，为了避免柱脚淋雨，使擎檐柱后退交接至檐柱或檐墙脚下，擎檐柱便蜕变为斜撑。开始为落地长斜撑，再发展则缩短杆件，下支点上移离开地面成为短斜撑。进而变为利用自然曲木的弯曲斜撑，这便是古文中称为"栾"的构件原型。根据杨鸿勋的研究，"斜撑是由擎檐柱蜕变而来的"，杨氏认为从掘立柱式擎檐柱到"栾"式斜撑，经历了础石擎檐柱，落地撑，腰撑的过程。今天浙闽地区风土建筑遗存也证实了这个观点。然而，对于是否偷心造斗拱（丁头拱）等同于插拱，斜撑向插拱的演变是否成立这两个问题，目前来看是存在疑问的。

（2）插拱的出现

丁头拱出挑一斗三升是汉代建筑形象中的普遍做法，而连续出跳的偷心造斗拱，在汉代画像砖与建筑形象的明器中都没有发现。丁头拱连续出跳的做法在江苏省徐州地区依然有分布。如徐州市户部山历史街区郑家大院中门，门上出挑披檐，其下用两跳插拱上载一斗三升，继而承托檐檩。同样是户部山郑家大院厢房，以及邳州市土山镇某宅，连云港灌云县正和烟店等风土建筑也用了该做法。苏北风土建筑中的丁头拱出跳做法（图 3.49），丁头拱插入砖墙中，而不是木柱内，与福建地区的插拱做法虽然有所不同，但十分相似。值得注意的是，苏北地区风土建筑中的丁头拱出跳更加类似于汉代陶楼明器中的挑檐形象。可以说，插拱做法很有可能与苏北地区的"插拱"挑檐做法，甚至汉代的"丁头拱"做法，有着一定的关联。

现存最早的连续偷心斗拱形象是现藏于河南省博物院的隋代陶楼（图 3.50）以及

徐州市户部山郑家大院　　　　　　邳州市土山镇某宅　　　　　　　灌云县正和烟店

图 3.49　苏北风土建筑中的丁头拱出跳做法

日本著名的玉虫厨子上的插拱形象。然而有趣的是，不管是隋代陶楼，抑或是玉虫厨子，在插拱形象的下部依旧有大斗的形象，也就是说，这种连续偷心造斗拱依旧是属于大斗之上的斗拱部分，并不是直接插入柱间的。

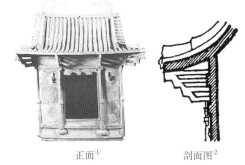

正面[1]　　　　　　剖面图[2]

图 3.50　隋代陶楼

　　然而对于插拱是如何产生这一问题，很有可能是南北方不同的结构类型造成的。日本学者宫本长二郎将中国南北方建筑结构类型的差异形象化地概括为北方的"长押"构造与南方的"贯"（穿枋）构造。而张十庆则将中国南北方的两大结构类型总结为"层叠型"与"连架型"，并指出所谓层叠就是承重结构的分层叠砌，而所谓连架，则是承重结构的分架连接。[3]北方的层叠型构造，将各构件分层叠砌，而日本的"长押"构造，则同样是柱间横向联系的枋木不直接穿过柱子，而是钉在柱子外侧起到加固横向联系的作用。斗拱做法，同样也是这种分铺作层、逐层叠加的建构逻辑。相对而言，南方连架型构造采用"穿枋"联系各柱以形成穿斗式结构。虽然这与斗拱的层叠式逻辑是非常矛盾的，但是也许正是这种结构逻辑的矛盾导致了插拱的产生。

　　北方的斗拱做法，自唐宋开始"计心造"逐渐普及，为今天更多见的北方官式斗拱样式。而连续偷心的斗拱做法很有可能同样起源于北方，并在隋唐时期随着中央政府对东南沿海地区的实际控制传播到了今天的浙江、福建地区。然而北方的层叠式的建筑与斗拱结构体系并不适应南方连架式的穿斗构架系统。于是浙闽地区的土著居民

---

①　图面出自河南省博物院官方网站。

②　杨鸿勋 . 斗拱起源考察 [C]//1980 年全国科学技术史学术会议论文集，1980：13.

③　张十庆 . 从建构思维看古代建筑结构的类型与演化 [J]. 建筑师，2007（2）：168–171.

将连续偷心的斗拱做法改造成插拱做法。故而，隋代陶楼、玉虫厨子以及今天在徐州地区看到的"插拱"挑檐做法，其实都是连续偷心斗拱做法的体现。而日本的大佛样建筑、宋元中国南方寺院建筑与今天浙江地区的圆形大斗形象、福建地区的插拱则都是南方系插拱做法的体现。

并且，支持插拱做法源于连续偷心的斗拱做法的另一个有力的证据是今天插拱做法中皿板的残留。皿板或位于柱头顶端、栌斗的下端，或位于柱头与栌头交接之处；还有的在散斗、齐心斗与拱的交接处；也有在人字拱与散斗之交接处的。它是在二者中间的一个垫板，其长与宽与斗之尺度相同，在栌斗之处的皿板要比栌头长宽多出一点，其厚度在 3 厘米左右。2000 年 8 月 23 日《中国文物报》第一版发表的《三台调查汉晋崖墓群文物遗存》一文中附有都柱斗拱图一幅，这是汉代当时雕刻出的斗拱图样，这组斗拱之中，在八角形与栌斗相交处即有皿板，同时在单抄华拱与令拱交接处也做了皿板（图 3.51）。[①]南北朝时期的木构也有皿板出现。到唐代，敦煌莫高窟木构窟檐之中，三跳斗拱都用皿板；同时，日本的玉虫厨子及法隆寺金堂云型斗拱中同样也有皿板的做法（图 3.52）。皿板这一构件从汉代开始，一直流传到唐初，实践中运用甚多。

图 3.51　三台崖墓的皿板做法[②]

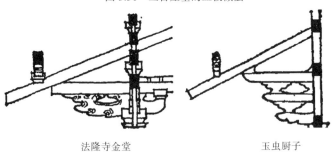

法隆寺金堂　　　　　　　　　　玉虫厨子

图 3.52　法隆寺金堂与玉虫厨子的斗拱皿板做法[③]

①　四川省文物考古研究院 . 四川三台郪江崖墓群柏林坡 1 号墓发掘简报 [J]. 文物，2005（9）：14-35.
②　四川省文物考古研究院 . 四川三台郪江崖墓群柏林坡 1 号墓发掘简报 [J]. 文物，2005（9）：19.
③　杨鸿勋 . 斗拱起源考察 [C]//1980 年全国科学技术史学术会议论文集，1980：13.

福州三坊七巷　　　　　　　　　尤溪桂峰　　　　　　　　　德化承泽

永安安贞堡　　　　　　　　　景宁桃源　　　　　　　　　福州华林寺

图 3.53　浙闽地区的"皿板"构造做法残留

宋代在《营造法式》中有皿板，但是在辽、金、元时代基本上绝迹了。这种在北方几乎绝迹的做法在福建插拱的散斗中却完全保留了下来，闽东地区几乎所有的插拱上都有皿板做法的残留（图 3.53）。

　　因此，福建地区的插拱做法应当是受到了北方的影响，是不折不扣的外来做法，插拱的形成确是外来做法与本地土著做法结合的结果。后世福建以外地区的连续偷心斗拱做法逐渐衰退，而福建地区的插拱做法却不断兴盛，故而形成了今天插拱变成福建地区特有挑檐做法的现状。

　　（3）插拱的衰退

　　现存的插拱做法，大部分出现了不同程度的衰退。首先是其结构作用的衰退，逐渐成为纯装饰性的构件，以至于今天很多插拱脱榫、掉落也不会对檐部产生结构性影响。原本为了支撑深远挑檐的插拱，渐渐成为用来显示户主身份、地位的手段。

　　另一方面，插拱做法的衰退也体现在其分布范围的缩小。插拱做法在宋代传播到日本，成为日本大佛样的重要特征之一，而对日本大佛样产生起到决定性作用的人物，就是日本僧人重源与南宋工匠陈和卿。有趣的是，陈和卿是明州（今宁波）人，那么他掌握的应当是当时明州的木构做法。这个时空差异提醒了我们，可能在浙江地区的民居做法中，曾经也流行过插拱做法，而随着时代的发展与北方中原建筑的影响，浙江地区的插拱做法消失了。

浙江民居中，今天仍然可以零星发现一些插拱做法，如宁波月湖历史街区青石街闻宅（222号），建于清代，平面为简单三合院，正房挑檐采用普通的斗拱做法，厢房采用了变形的插拱做法。闻宅厢房的插拱与福建武夷山地区的变形插拱做法有一些相似，都是拱木肥硕高大，上面支撑抱头梁挑檐。宁波与武夷山地区都是与钱塘江流域牛腿做法流行区域接壤的地区，相同做法的出现也反映出西北部长江流域文化向东南沿海地区的影响。

而浙江地区现存的插拱做法集中体现在"大门"上。如永嘉县花坦乡花坛村的"溪山第一"门，该门约建于明代中叶，连续出六跳。[1]该门位于道路正中，两侧以石墙相连，界分村内外，可以称为村门或寨门。同样的还有景宁县大漈乡时思寺山门，时思寺大殿建于元代，山门为明代重建。时思寺山门当心间插拱连续出五跳，两侧则是插拱与斜撑结合的做法。普通民居的门也常常采用插拱做法，如景宁畲族自治县桃源村某宅（240号）侧门采用了四跳插拱（图3.54）。

因此，插拱做法曾经是浙江地区主流挑檐做法的可能性是比较大的，而随着时间的流逝，北方文化的影响逐渐改变了浙江地区的审美和建筑意匠，最终导致插拱做法消失。只有少数遗构的建造方式保留了插拱的意匠。今天浙东民居的挑檐斗拱做法，在某些程度上，依然残留着一些插拱的意向，比如圆形大斗的做法，还有向内出挑斗拱与抱头梁结合的做法等。这些做法并不同于北方斗拱层层铺作的简单原理，而是结合了南方地域文化与建筑技术特色的独到做法。

景宁时思寺山门

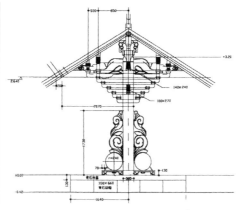
永嘉花坛"溪山第一"门[2]

景宁桃源某宅侧门

图3.54　浙江地区大门中的插拱做法

① 陆秉杰. 日本大佛样与中国浙江"溪山第一"门 [C]. 营造·第一辑，1998（10）：303.
② 图片出处同前注。

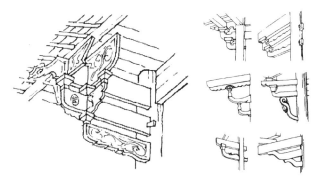

瑞金宗祠挑檐做法　　　景德镇与上饶地区的插拱做法

图 3.55　江西地区残留的插拱做法[①]

　　除了浙江以外，江西地区也残留着一些插拱的做法，有些因为紧邻福建，受到福建做法影响的可能性很大，如瑞金地区的民居和宗祠中采用的三跳插拱。然而，其插拱上端增加了计心造斗拱和雀替型装饰翼板，体现了江西本土做法与福建做法的结合。又如景德镇地区的风土建筑，都是两跳插拱支撑上部穿枋或抱头梁的做法，与福建地区的插拱做法非常相似。还有部分是插拱做法与斜撑做法结合的变种。再如上饶地区风土建筑两跳插拱直接承托檐檩，檐部不再施穿枋或抱头梁（图 3.55）。

　　浙江与江西地区残存的插拱做法绝不是当地的主流。但这些地区插拱做法的残留说明插拱做法至少在历史上的某一时期曾经在这些地区出现过。虽然缺乏有力的证据，而这种种状态还是暗示了插拱做法曾经应当是中国南方风土建筑挑檐做法的主流这一推断。然后随着时代的推移，插拱做法的影响范围逐渐萎缩，仅限福建东部，而取而代之的则是下文所述的牛腿做法。

　　（4）牛腿构造的传入

　　北方地区住宅挑檐一般仅用"墀头"。所谓墀头就是在住宅山墙前后檐部用砖石叠涩出挑，夹住檐檩。而南方地区的牛腿做法与墀头有很大的相似性。砖砌的墀头在结构功能上抑或是建构逻辑上都等同于木造的牛腿，并且在浙江、福建北部，有很多墀头与牛腿并用的案例（图 3.56）。墀头—牛腿做法的结构逻辑为在柱或墙体顶端植入三角形结构来承托挑檐檩，从而达到出檐目的。牛腿一般与柱后的梁柱体系没有任何结构关联，因此其当依旧属于北方"层叠型"的建构方式。故对于浙闽地区而言，牛腿当是不折不扣的外来传入做法。

　　从牛腿做法的地域分布来看，其边界是钱塘江—仙霞岭—武夷山一线。可以发现，在钱塘江—仙霞岭—武夷山一线以北，绝大多数都采用牛腿（或斜撑）的挑檐方式，

① 黄浩 . 江西民居 [M]. 北京：中国建筑工业出版社，2009：102–103.

缙云河阳

武夷山下梅

江山廿八都
图 3.56 牛腿与墀头的并用

而以南的大部分地区，牛腿做法的普及率显著降低。可以说，牛腿做法的地域分布特征呈现出自西北向东南逐渐渗透的状态。这说明，与上述插栱做法的衰退相对应，牛腿做法存在着逐渐向浙闽地区传播影响的过程。

（5）浙闽地区挑檐构造的时代性考察

吊柱与斜撑的分化：若前述推论成立，那么插栱挑檐做法当为隋唐宋时期北方移民南下传入浙闽地区的。这样就不得不面对一个问题：插栱做法传入之前，浙闽地区的主流挑檐做法是什么？今天，不论是遗构、考古资料还是古文献，都无法对这个问题进行直接回答。但唯一可以确定的是，这一更为古老的挑檐构造一定是与南方传统穿斗式木构框架体系相适应的。而今天浙闽地区所有的挑檐做法中与穿斗式构架最为契合的构造方式无疑是吊柱做法。

　　首先，挑檐的最简单、最基本做法为擎檐柱，这一点考古发现已经可以证明，一切的挑檐做法都应源于擎檐柱。然而，擎檐柱一来占据空间，二来更容易受雨水侵蚀而腐朽，故如何不依靠擎檐柱挑檐则成了一个重要的课题。那么在北方层叠结构体系下，由于建筑整体依靠自重和体量求得稳固，对抗横向剪力的能力很差，形成三角形的稳定结构非常重要，故斜撑是一个非常好的选择，因此杨鸿勋的推论是成立的。然而在南方连架结构体系下，更加注重由拉接联系而成的整体性，使用斜撑支撑，显然是违反其结构逻辑的。若将擎檐柱底部截断，再施加穿枋连接形成吊柱的结构，则使得檐部与内部的结构联系成一个整体。在今天的西南少数民族地区，依然可以看到穿斗结构结合吊柱的挑檐方式（图 3.57），也就是说，吊柱结构为中国南方原始、固有的挑檐做法的可能性是非常高的。

　　并且，吊柱作为浙闽地区挑檐结构的早期做法，在今天依旧有所体现。其一，福建民居为主的东南民居在后檐、附属建筑挑檐等非主要部位的做法上依然大量选择吊柱做法。其二，垂花柱这一装饰的手法今天只在福建地区作为挑檐构件使用。这说明，垂花柱做法本身就与土著的吊柱做法相适应。其三，在东南民居中有一些吊柱（垂花柱）与插拱的结合做法，后起外来做法与原有土著做法的结合很好地说明了挑檐做法的演化关系。

　　插拱的起源与发展：唐宋时期随着移民传入浙闽地区的插拱做法，在今天以闽东地区为核心，影响了除闽北地区以外的福建全境。当然这一传播过程也有两种可能性：其一是插拱做法首先传入闽东，其次向周边影响；其二是插拱做法仅在闽东地区未受后世其他做法的影响顽强保留至今。根据李向东和韩国学者崔氏的研究，中国南部从四川、两广，到江西、浙江、安徽、江苏都有采用插拱做法的寺庙建筑或住宅建筑。[①]

广西三江侗族　　　　　　　　　　　　　　　　贵州兴义布依族

图 3.57　西南少数民族风土建筑中的吊柱做法

①　主要包括：李向东 . 插拱研究 [J]. 古建园林技术，1996（1）：10-14. 崔ゴウン . 韓国、中国、日本の挿肘木に関する研究その1 [J]. 日本建築学会計画系論文集，2002（6）：321-326. 崔ゴウン . 韓国、中国、日本の挿肘木に関する研究その2 [J]. 日本建築学会計画系論文集，2002（6）：343-347.

因此如前文所述，插拱做法存在逐渐衰退的迹象，闽东地区的插拱做法应当是完好保留了唐宋遗风的结果。

闽东地区之所以能完好地延续插拱挑檐结构，很大程度上是与其封闭的地理条件和复杂的方言系统分不开的。福建地区素有"八山一水一分田"的俗语，多山少平地，交通尤其不便。闽东地区则更是有"九山半水半分田"的说法。这种世外桃源般的地理条件使其不受外界影响，独立发展传承自身建筑文化传统成为可能。而其复杂的方言，一方面拜封闭的地理环境所赐，另一方面进一步延缓或阻隔了福建与中原地区的文化交流。福建省各地方言分支众多，虽然都属于闽语范畴，但各个次方言区之间很难沟通，这进一步使诸如插拱做法等地方特色建筑文化的固化成为可能。

外来做法的影响与插拱做法的衰退：从现存的浙闽地区风土建筑挑檐做法的年代分布来看（表3.13）。在插拱、斗拱做法较为集中的浙闽地区东部沿海一带（闽东、莆仙、闽南、浙东、浙南），现存的明代遗构全部采用插拱做法。清代开始，直至清末、民国，插拱、斗拱做法的比例略微下降，开始出现了非插拱、斗拱做法。在浙闽地区东部沿海以外的地区，明代遗构中尚有不少插拱与斗拱做法，而从清代开始，插拱、斗拱做法逐渐减少，而非插拱、斗拱做法的比例却越来越高。

与前述多进合院平面形式，曲线劄牵构件等一样，插拱、斗拱的做法也呈现出类似的时代性演变。也就是说，垂花柱、牛腿等挑檐构造，为明清时期从浙闽地区以外传来的可能性很高，而插拱做法本身则不断呈现出衰退的趋势。

表 3.13　插拱做法的时代分布

闽东·莆仙·闽南·浙东·浙南

	插拱案例（个）	插拱变形案例（个）	斗拱案例（个）	其他案例（个）
明代	6	1	无	无
清代（清末以前）	18	1	9	3
清末以后	15	3	5	5

其他地区

	插拱案例（个）	插拱变形案例（个）	斗拱案例（个）	其他案例（个）
明代	2	3	1	8
清代（清末以前）	无	2	无	12
清末以后	2	4	无	19

第 4 章　浙闽风土建筑谱系

4.1　浙闽风土建筑的地域性

考察浙闽风土建筑各特征的地域分布，可以探明各建筑特征的地域性。而整理各建筑特征的地域性规律，则可以理清浙闽风土建筑的谱系特征。

地缘条件与风土建筑特征分布的关联

（1）地理条件

东南沿海地区山脉连绵，浙江有"七山两水一分田"之说，而福建则到了"八山一水一分田"的程度。东南地区的山脉自北向南，从浙江与安徽、江西交界的天目山、仙霞岭，到福建与江西交界的武夷山连绵不断，形成了长江流域、珠江流域与东南诸河流域的分水岭。

而东南沿海地区内部，还存在着另一条山脉，即从浙东与钱塘江流域的分水岭会稽山、天台山，至浙南的括苍山、雁荡山再到浙闽交界的洞宫山，至福建鹫峰山、戴云山，直至闽西的玳瑁山、博平岭进入广东。这条纵贯南北的山脉将东南地区分为东部沿海与西部盆地两大区域，是浙闽地域划分的关键（图 4.1）。

（2）人口迁徙

西汉武帝灭闽越国后，将闽越国人大量迁出到江淮间，又将会稽郡北部的人口向南迁入今天的福建。当时主要的迁徙路线有两条，一条走海路，从山阴（今绍兴）出发经句章（今属宁波）入海直至东冶（今福州）。另一条走陆路，自山阴经上虞（今上虞）南下从今天的浦城县入闽，到达汉阳（今属浦城）和闽越故都崇安（今武夷山市城村附近）。

两晋南北朝时期的第二次大规模汉人南迁，走的依旧是西汉时的老路线。只是进入福建的地区更加广泛，西线的陆路的主要迁徙目的地为建安（今建瓯）、沙村（今沙县）、新罗（今长汀）和绥城（今属建宁），同时增加了从江西迁入的汉人。而东线在迁往晋安郡（今福州）的同时，也增加了南安（今泉州南安）、龙溪（今属漳州），甚至到达今广东潮州附近。

图 4.1　东南沿海地区的地理条件[1]

　　南北朝以前迁入福建的汉人,以吴越(今浙江)地区的人为主。可见闽文化与越文化间有着千丝万缕的联系,也充分说明了东南沿海区域的相互交流有着悠久的历史。

　　唐五代以后,迁入福建的汉人则以长江以北的中原人为主。并在传统的陆海两条线路以外,又增加了自江西进入福建的路线,而越过武夷山的各个关隘涌入福建的中原汉人则成为移民潮的主流。这里主要的移民线路有两条:一条从今天的江西南部入闽,到达汀州(今长汀),再南下取道南州(今漳州)到达泉州;另一条经浙江入江西广信(今上饶)进入今天的浦城县和武夷山市,再在建州(今建瓯)汇合,南下泉州。而这一时期,福建人口大量增长,也是福建各个地域集团形成的时期。

---

[1]　地图截取自国家地理信息公共服务平台,天地图,审图号:GS(2018)1432号。

到了宋元之际，金人的南下使得中原汉人进一步南迁，而蒙古军的入侵则使得一部分闽人也被迫开始迁徙，这一时期的人口迁徙，为明清以来的东南地区各地域集团的定型奠定了基础。首先，进入福建的人口构成和迁徙路线和唐末五代时期并无二致。此时值得注意的是闽人的迁出，闽人在这一时期迁出的主要目的地是梅州、潮州、高州、雷州（今茂名市与湛江市）、海南岛和浙江温州。利用的交通方式主要是海路。

（3）交通线路

陆路与内河交通：如果说移民的线路只是一时的爆发，那么历朝历代的驿路则是经济文化交流的命脉，入闽的陆路交通要翻越崇山峻岭，非常不便，但福建由于地少人多，需要大量进口大米，同时福建山林茂密，又是许多经济作物（竹子、茶叶）和木材的重要产地，因此福建的商路一直非常活跃。

《邵武县志》曾有这样的记载："入闽有'三道'，建宁为险道，两浙之所窥也；邵武为隘道，江西之所趋也；广漳航海为间道，奇兵之所乘也。"[1]这说明，从浙江入闽是险道，从江西入闽是狭道。可见福建古道关隘之艰险难行。

明清时期的福州官路，系由北京经山东德州、兖州，而达江苏徐州，过安徽凤阳，再往南京、苏州和浙江杭州、衢州，越仙霞岭，进入福建的浦城、延平，顺流到达福州。这一条也叫"进京道路"。《读史方舆纪要》记载："凡自浙入闽者，由清湖渡舍舟登陆，连延曲折，逾岭而南至浦城县西，复舍陆登舟以达闽海。中间二百余里皆谓之仙霞岭路。"[2]这条"进京道路"仅仙霞岭前后 200 里（约合 115 公里）要陆行，其余路程均有舟楫可乘，进京仕商多经由此路。另一条路于凤阳分道，经合肥、南昌、杉关至延平会合而达福州。

而据《福建通志》记载，到了清代，由省会福州通往省外的邮驿路线共有 5 条[3]：

① 自闽县三山驿经侯官县芋源驿、古田县水口驿、延平府南平县岭峡驿、建宁府建安县太平驿、瓯宁县城西驿、建阳县建溪驿、浦城县人和驿，至浙江衢州府江山县交界，全程 1085 里（约合 625 公里）。

② 自三山驿经福清县宏路驿、莆田县莆阳驿、仙游县枫亭驿、惠安县锦田驿、晋江县晋安驿、南安县康店驿、同安县大轮驿、龙溪县江东驿、漳浦县临漳驿、云霄驿、诏安县南诏驿，至广东饶平县交界，全程 1 030 里（约合 593 公里）。

③ 自三山驿起至延平府南平县剑浦驿 375 里（约合 216 公里），由剑浦驿分路，经顺昌县双峰驿、将乐县元华驿、归化县明溪驿、清流县玉华驿、宁化县石牛驿、长汀县馆前驿、上杭县兰屋驿、永定县，至广东大埔县交界，全程 1 090 里（约合 628 公里）。

① 邵武市地方志编纂委员会 . 邵武市志 [M]. 北京：群众出版社，1993.

② 顾祖禹 . 读史方舆纪要 [M]. 康熙三十一年（1692）.

③ 福建省地方志委员会 . 福建省志 [M]. 北京：科学文献出版社，2012.

④ 自三山驿起至延平府顺昌县双峰驿 515 里（约合 297 公里），由双峰驿分路，经邵武县拿口驿、光泽县杭川驿，至江西南城县交界，470 里（约合 271 公里）。

⑤ 自三山驿起至建宁府建阳县建溪驿 625 里（约合 360 公里），由建溪驿分路，经崇安县兴田驿，至江西铅山县交界，210 里（约合 121 公里）。

海港与海外贸易：隋唐以前，中国的对外贸易以陆路为主，闻名遐迩的丝绸之路联系了整个欧亚大陆。唐朝开始，由于自由开放的商贸政策，海陆贸易出现了同时繁荣的景象。而两宋时丝绸之路阻断，海洋贸易成了中国对外贸易的主导，东南沿海地区在海路交通上的重要地位就凸现出来。

东南沿海地区的海路交通自古以来就非常繁荣。早在三国时期，东吴的船队就曾经南下夷洲（今台湾），北通辽东。唐宋随着移民的出入和对外贸易的发展，东南沿海地区出现了宁波、温州、福州、泉州、漳州月港等数个重要的港口。随着茶叶贸易和外销瓷器的流行，东南沿海地区出现了茶叶（武夷红茶、龙井）和瓷器（龙泉窑、德化窑）生产的高潮。对外贸易路线，闽南港口主要连接东南亚、西亚乃至北非。闽东与浙江的港口则连接当时的琉球、日本与朝鲜半岛。

建筑特征的地域分布

（1）平面形式

如前文所述，"一"字形平面形式为浙闽地区的主要特色，而且围屋式平面也与其有很大关联。在浙闽地区，另一个值得注意的平面形式为三合院。三合院可以看作四合院的变形，也可以看作"一"字形平面的扩展，而浙闽地区的三合院，甚至只有一翼厢房的曲尺形合院，很多都是主屋先建成，厢房后加建。因此，三合院平面形式，可以看作合院式平面形式与"一"字形平面形式的融合。

若将"一"字形平面与三合院式平面放在一起，考察它们在浙闽地区的地域分布，可以发现其在各地区的出现频率分别为：宁波 83%，温州 85%，丽水 87%，宁德 56%。集中分布在浙东—闽东一线。也就是说，浙闽沿海地区以"一"字形平面与三合院式平面为主要平面形式，而内陆地区则以四合院、围屋为主。有趣的是，在福建中部山区，也是"一"字形平面与三合院的集中分布区，如尤溪农家（39 号）、永泰嵩口垄口祖厝（49 号）、德化承泽黄宅（99 号）、德化格头连氏祖厝（100 号）等（图 4.2）。

（2）曲线剳牵

在梁枋构造中，最能体现地域性的做法就是曲线剳牵做法。出现频率较高的地点有：福州 93%，宁德 80%，三明（闽中）67%，泉州 50%。这些高频率的地点也都集中在浙闽沿海地区（图 4.3）。

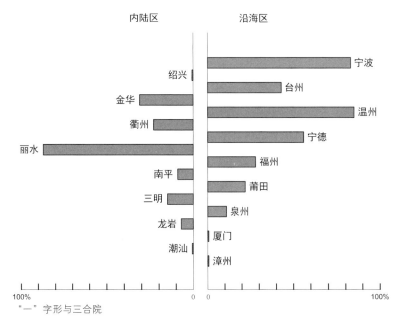

图 4.2　"一"字形与三合院平面使用频率的地域分布

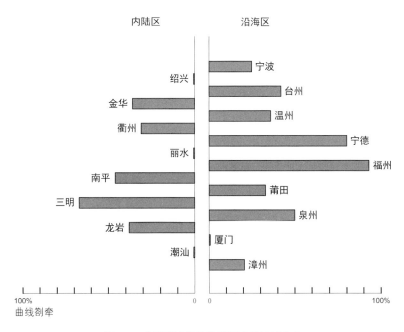

图 4.3　曲线剳牵做法使用频率的地域分布

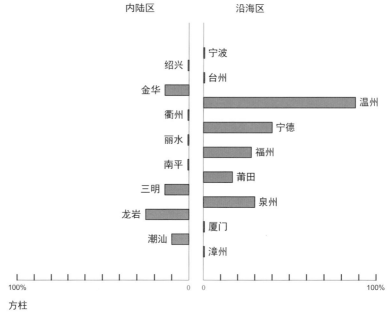

图 4.4 方柱使用频率的地域分布

（3）方柱

方柱虽然不是常见的柱形制，但在温州地区却相对集中（88%）。而在浙闽其他地区虽然并没有占优势的其他方柱做法，但在宁德（40%）、福州（28%）、泉州（30%）地区，方柱做法的影响力也是不容忽视的。整体来看，方柱做法高频发生地依然处于浙闽沿海一带（图 4.4）。

（4）封火山墙

封火山墙是从长江中下游地区传入浙闽地区的构造形式，因而在浙闽地区的地域分布呈现出另外一种状态，出现频率较高的地区分别为衢州（100%）、金华（95%）、南平（86%），这些地区都处于浙闽内陆盆地。潮汕地区的夯土封火山墙同样有着很高的出现率，当是受到岭南、客家建筑做法的影响所致。

在闽东地区，虽然封火山墙的出现频率也很高：宁德 62%，福州 57%，但考虑到该地区大量存在的两重山墙构造，可以说，封火山墙做法虽然对闽东产生了影响，但闽东地区依然顽强地保留了其灰墙围护结构。整体来看，不使用封火山墙做法的地区，更多处在浙闽沿海一线。

另外，从金华、衢州出发，越过仙霞岭到达闽北，再沿闽江到达福州的这条明清"福州官道"沿线，正是封火山墙做法出现率最高的地区，并且出现率从金华、衢州到福州逐渐降低。可以说，这条官道应当正是封火山墙逐渐传入浙闽沿海地区的路径

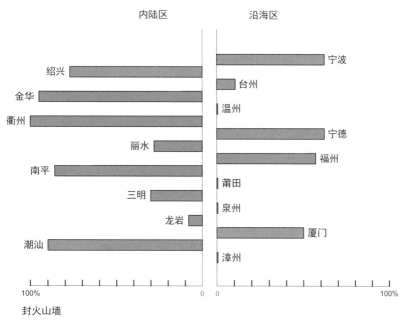

图 4.5　封火山墙使用频率的地域分布

（图 4.5）。

（5）插拱、斗拱挑檐

浙闽风土建筑中最为与众不同的地方就在于使用插拱、斗拱作为主要的挑檐结构，体现了浙闽风土建筑的独特性。

如前一章所述，插拱、斗拱做法体现了浙闽地区本土原生的土著建筑文化与外来的中原建筑文化相互融合的结果，是浙闽地区风土建筑构造做法中最重要的特质。而浙闽地区的人们，将出檐深远的古风代代相传，保留至今，因而对挑檐构造也十分重视，从而使插拱、斗拱挑檐做法成为浙闽地区地域性最强的特征。

可以发现，插拱、斗拱做法的出现频率有着极强的地域性（图 4.6）。首先，频率最高的为福州（94%）、宁德（91%）、温州（90%）、台州（90%）。基本上绝大部分的风土建筑都采用插拱、斗拱挑檐。并且，这一做法的普遍性甚至超过了建筑的身份、年代、规模，可以说是纯粹地对住居文化的坚守。

其次，频率较高的有宁波（66%）、三明（75%）、莆田（80%）、泉州（86%），说明在这些地区，插拱、斗拱做法也占绝对优势，是这些地区最重要的挑檐做法。

而到了闽南和闽西地区，由于客家文化的影响，插拱、斗拱做法的出现频率下降到一半左右，如厦门（50%）、漳州（56%）、龙岩（46%）。在这些地区，插拱、斗拱做法可以说是一种选择，而其背后的文化特质可能已经不复存在了。

175

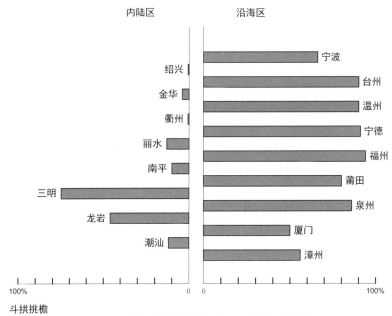

图 4.6　插拱、斗拱挑檐做法使用频率的地域分布

最后，在潮汕（12%）、南平（10%）、丽水（13%）、金华（4%），以及没有发现插拱、斗拱做法的绍兴与衢州地区，可以说，使用插拱抑或是斗拱已经只能认为是个例。这些地区已经不再存在插拱、斗拱挑檐文化。也就是说，这一地区很可能已经处于浙闽传统风土建筑文化影响范围之外，从属于其他文化圈了。

总之，与前述其他特征一样，插拱、斗拱挑檐做法也存在着清晰的地域分布倾向，即以浙闽地区中央横贯南北的山脉为界，以东的沿海地区分布十分集中，而以西的内陆地区则分布稀少、分散。

浙闽风土建筑的谱系分区

将所有特征要素综合考量，可以发现浙闽这个大的地域中可以再分为两个次级风土区系。也就是以纵贯浙闽地区南北、连绵不断的山脉为界，分为以东的沿海地区与以西的内陆地区。在浙闽风土区系中，最能体现自身居住文化，地域性特质最为集中的地区就是沿海地区。而内陆地区则是多种文化碰撞交融，互相影响的地区。

以明清时代的驿路、官道为参照，可以更好地说明这一状态。闽北和浙西地区，是古代福建、浙南通向外部的唯一陆路通道。因此，这些地方也是外来文化传入的起点。沿海地区官道难行，中原文化的影响力很小，且大多局限在城市中。但是繁荣的海上贸易，使得浙闽沿海地区内部的民间交流非常便利，因此也有助于其形成独立的风土区系。

　　另外，浙闽沿海地区的南北两端（闽南与浙东），由于与其他风土区系相邻，多少受到其他文化的影响，建筑文化的相关特征要素也稍有变化。而沿海地区交通最为不便，最为偏僻多山的浙南、闽东地区，可以说是浙闽风土区系的核心区。

4.2　浙闽风土建筑的地域性特征

从方言分区看浙闽风土建筑的地域性

　　语言状况对民族发展有着重大的影响和作用。语言是人类社会交往的重要工具，没有民族的共同语言，人们就不可能形成统一的民族或民系。所谓民族共同语言，是在民族形成过程中以某种方言为基础，同时吸收其他方言的有益成分而成的。在某种特定的历史条件下（战争、割据等），民族内部的交往常常会出现不均衡的现象。如果这种现象持续一定时间并发展到一定程度，地方方言及伴之而来的民系就会相继产生。民系的方言是一种约定俗成的交往工具，是其民系内部语言文化积淀发展的结果，讲不同方言的人们很难相互交流，这是由于汉民族各个地区之间的不同土著文化底层与彼此之间交往程度差异过大造成的。

　　浙闽地区特殊的地缘条件使得各个方言区甚至是方言小片区之间都无法直接交流。这种极端的地域分化也为居住文化的地域分化铺平了道路，使得浙闽风土建筑的地域性特征与方言区的分布高度一致，甚至超越了约定俗成的行政边界。以下就从几个建筑特征的地域分布出发，探讨方言对民居地域性特征的影响。

　　（1）浙南闽语区

　　在温州南部鳌江以南的山区里，有一片讲闽东方言的地区，闽东方言在浙江被称为"蛮讲"，因此这一地区又被称为"蛮话区"。主要包含泰顺县、平阳县的大部分地区。更有意思的是，在苍南县，还有一部分地区的人操着闽南方言。这是由于在北方汉族南迁的同时，闽人也在向外迁徙。比较有名的闽人迁出地有广东的潮汕地区、雷州半岛、海南岛以及台湾岛。此外，温州也是闽人迁出的重要目的地。

　　浙南的闽语区中，建筑文化也有着浓厚的福建色彩。如泰顺县，采用插拱挑檐做法的案例很多；而在平阳县，燕尾脊做法，以及建筑立面的形制都有很浓重的福建特色（图 4.7）。

　　（2）闽北赣方言地区

　　闽北方言，根据语言学的研究，实际上就是闽语与赣语的融合。闽北方言将闽语与赣语的词汇分别引入的同时，也将二者的建筑特征要素同时引进。多进合院平面、封火山墙、木质柱础的做法是赣系元素，而穿斗插梁架、挑檐枋直接挑檐等做法则带

泰顺百福岩 　　　　　　　　　　平阳青街

图 4.7　温州南部风土建筑的福建要素

潮州许驸马府　　　潮州开元寺天王殿

图 4.8　潮汕地区的插拱做法遗存

有浙闽元素。

（3）潮汕闽南方言地区

潮汕地区海陆、陆路与漳州（闽南）相连，水路与汀州（客家）相连，其方言在系统上属于闽南方言的一支，但其中也混入了很多客家方言的要素。同样，其建筑特征也同时具备了客家与闽南的元素。潮汕地区风土建筑一般不采用木质挑檐结构，多用夯土墙，有着明显的客家元素。但潮汕地区年代较早的风土建筑依然会使用插拱做法，如传说为宋代所建的潮州许驸马府，采用了插拱挑檐；而一部分构件保留了宋代形制的潮州开元寺天王殿，也采用了插拱做法与穿斗式结构体系（图 4.8）。

从移民路线看浙闽风土建筑的地域性

方言并不是民系产生的唯一条件，民系的产生还需要外界历史事件的推动，如战乱、外族入侵及社会动荡等。中原的动荡将部分汉人赶出了汉文化的中心区。面对新的居所环境恶劣、交通困难、语言封闭等不利因素，他们不得不团结合作，互助互利，一致对外，以求得生存空间。久而久之，自然会形成一个独立于其他民系的新民系。

（1）汉人入闽的路线

从中古时期中原汉人入闽的线路中不难发现，西线的陆路和东线的海路正好分别对应浙闽沿海区与内陆区两个主要谱系分区。前者包含闽东（宁德、福州）、闽南（泉州、厦门、漳州）与莆仙（莆田），后者包含闽北（南平）、闽西（龙岩）与闽中（三明）等地区。沿海区与内陆区的范围恰好与晋代分治福建地区的建安郡与晋安郡的范围相同，也与汉人入闽的两条主要路线相同。汉人向福建的移民活动主要有陆路与海路两个路线。从海路进出福建的北方移民，首先在各河口平原建立据点，然后逐渐沿河流向上游河谷地区扩张，形成晋安郡。通过陆路进入福建的北方移民，从江西、浙西出发，按前述陆路交通路线进入福建西部盆地，在闽江等河流上游建立据点，成为建安郡。两路移民在相当长的一段时间内都没有相互的交流，直至唐宋时期福建人口暴增。而这两条移民路线对行政区划的影响，以及对建筑文化的影响是造成浙闽地区沿海和内陆差异的主要原因。

（2）闽人的迁出

五代时期就有小部分的闽人迁出到浙江南部。宋元之际，为逃避蒙古军南下，有为数不少的闽人成批迁往广东、海南与浙江。清初海禁，更有大量福建人向北迁至浙江、上海与江苏。迁出的闽人主要集中在沿海地区，而其迁出的目的地也多集中在沿海地区，因而使得浙闽沿海地区内部的文化交流更加充分，自身建筑文化特征也更具特色。

从河川流域看浙闽风土建筑的地域性

在古代交通中，河流占据最重要的地位。福建河流都较短，而且大多独流入海。两条河流之间又往往有高大的分水岭阻隔，所以同一流域的人民在社会、交通、经济、文化等方面显示出某种独立性。北宋所划定的福建二级行政区在后世一直没有大的变动。

通航能力强的大河流域，不仅推动了地域文化的形成，在和平年代由于贸易、物流的发达，也为外来文化的传播提供了便利，因此，那些远离河流交通动线的地区或者通航能力很差的小河流域的地域文化，则往往更能反映整个地区更为原始的文化特征。

（1）汀江（韩江）流域与九龙江流域

汀江发源于汀州故名"汀江"，在流入广东境内后改名"韩江"，后在潮州入海。汀江流域可以说是客家文化在东南沿海地区最为集中的一个据点。而九龙江则是福建境内仅次于闽江的第二大河，流经闽南大部分地区。在闽西、闽南和潮汕地区，这两条大河流域形成了浙闽地区中客家文化占据主流的地域。其建筑特征也显示出客家文化的影响，主要体现在两点：

首先是平面布局上，这一区域是围屋平面最为集中的地区，也是世界文化遗产福建土楼的集中地。其次是围护结构上，夯土墙的使用比较普遍，砖墙的使用则较少，更有夯土封火山墙做法的出现。这些都与客家文化有着一定的联系。

（2）闽江流域

闽江是这个东南沿海地区最大的河流，其流域涵盖闽北、闽中、闽东的大部分地区与闽南地区的北部。但闽江流域的建筑文化却并没有一脉相承。闽江上游的闽北地区，建筑特征要素偏向江西；而闽江中游的闽中地区，则是诸多建筑要素混杂的地区。值得注意的是，属于闽江下游的闽东地区，在闽江干流沿线的古田县、闽清县、福州市一带，建筑文化的混杂性远高于闽东其他县市。如古田县风土建筑中，多进合院、封火山墙、不使用插拱做法的案例都存在（古田利洋花厝，8号）。福州市区也有同样的情况出现（福州扬岐游宅，2号）。

可以说，大江大河有利于经济发展和文化交流，对地域文化的形成和外来文化的传入都有着推进作用。因此，大江干流沿线通常都商品贸易发达、人员流动频繁，使得建筑文化也趋于混杂。

（3）非大河流域地区

有趣的是，除了以上一些大河流域有着显著的地域性特征以外，东南地区众多小河流域却反而呈现出较强的相似性。其代表为福建戴云山区、闽东诸河流域、浙南温州地区与浙东宁波台州地区。这几个地区虽然并非完全相邻，历史上也没有大量文化交流的记载，但无论从"一"字形到三合院的平面形式，抑或是木质围护结构为主的外墙做法，还是曲线剳牵结构的使用，都有着极大的相似性。

不在大河流域、不在主要交通线上的这些地区，往往交通不便，对外交流困难，因而更容易反映出较为原始的建筑做法。而浙闽沿海地区众多不相邻的点上出现相似的风土特质，也进一步说明浙闽地区存在一个独立的风土区系，有着独特的风土特质，且其核心地区就在那些与世隔绝的沿海丘陵中。

4.3　浙闽风土区系

浙闽风土建筑，尤其是浙闽沿海地区的风土建筑，拥有相近的平面、结构特征，且与其他地区建筑做法有着显著的区别。因此可以认定为一个独立的风土区系。

浙闽沿海风土建筑区系的特质

（1）平面与构造的特质

浙闽系风土建筑是中国南方系居住文化的一个分支，同时有着许多别具一格的独特文化。从建筑学的角度出发，对浙闽地区现存的近300个案例的分析和探讨，可以总结出如下六个带有显著地方特色的结构、做法特征。

正厢自由：平面布置上，浙闽地区并不拘泥于北方传统住宅南北向中轴对称，一正两厢等级分明的特征，而是更多地采用比较自由的布局方式。"一"字形长屋的平面布置，采用横向展开的方式，将正房与厢房整合在同一个屋檐下；而围屋式平面布局则在传统的北方合院式平面的四周，围绕"一"字形的护厝，正屋居中，厢房围合；甚至连四合院，都会采用对合的形式，以两面、四面厅的形式，形成多中心，多对称轴的形态。可见，浙闽地区平面布局自由，空间组合灵活，在平面布局上有着丰富性和多样性。

穿斗排架：用穿枋连接立柱，形成整体性极强的排架结构，是除了岭南、客家地区以外的中国南部、西南地区最基本、最常用的结构体系。浙闽地区也同样以穿斗排架为主要结构手段，同时其衍生出的插梁做法与穿斗抬梁混合做法也体现出多元文化融合的过程。

曲线劄牵：与抬梁式排架内柱高度基本一致的状况不同，穿斗式排架由于柱高不同，各柱或束柱的柱顶间就需要采用曲线联系梁——劄牵进行联系。曲线劄牵作为斜向的联系构件，是穿斗构架的补强结构，同时，其装饰性造型和与南方佛教建筑乃至日本禅宗建筑意匠的联系，也进一步暗示其显著的地域特征。

方柱简础：圆柱体现了树木原有的姿态，而方柱则体现出浙闽地区独特的建筑审美与建筑文化。抹角方柱的使用，是浙闽系风土建筑的一个有趣的特质。而比起对柱子的雕琢，东南民居文化中对柱础的重视则远远不及北方。以简单的方形、圆柱形、鼓形柱顶石为主，柱础上大多不施雕刻。

插拱挑檐：檐部构造同时肩负着承托屋檐，以结构显示身份、装饰等作用，是风土建筑中最重要的部位之一。在闽东地区，无论城市还是乡村，无论富有还是贫穷，几乎所有的风土建筑上都可以看到插拱挑檐的身影，它已经成为符号、象征，深深植入了浙闽系居住文化之中。虽然受到外来文化的影响，虽然也有变形和简化，但还是可以在各种地方发现插拱做法的痕迹，可以说浙闽地区独具特色的插拱挑檐做法，是浙闽系风土建筑中最为重要的特征。

木质围护：在烧结砖出现之前，除了岭南、客家地区以外的中国南部、西南地区，传统民居均以木质围护结构为主。这与北方地区与岭南、客家地区的夯土围护结构不同，有着良好的吸湿、防潮、抗结露的特性，也有着防火性差的缺点。在砖围护结构在全中国普及之后，浙闽地区依然存在着很多木质围护结构，如木板墙、竹片墙、灰墙等，还存在着很多木质围护结构外加建防火砖墙的两重山墙结构案例。这在很大程度上体现出浙闽地区对木质围护结构的钟爱。木质围护虽然越来越少见，也依旧是浙闽系风土建筑中不可缺少的一个特征。

（2）各次级风土区系的建筑特征

沿海区：浙闽沿海的浙东（宁波、台州、温州）、闽东（福州、宁德）与闽南（莆田、泉州、厦门、漳州）地区是浙闽系风土建筑文化圈的核心区域。其中，尤以闽东地区为代表，闽东广大乡村的传统民居可以说是浙闽风土区系的典型。

首先，浙东地区民居的主要特征有："一"字形长屋、穿斗排架、斗拱挑檐、木质围护等。其中北部的宁波地区在一定程度上受到了长江下游地区建筑文化的影响。除了斗拱挑檐做法可能是插拱做法演变而来之外，其余做法都是典型的浙闽风土区系做法。

其次，在闽东地区，广义的闽东区指的是讲闽东方言的地区，因此浙江温州南部的大部分地区也属于闽东区，其主要特征与整个浙闽系风土建筑的特征基本吻合，可以说，闽东地区是整个浙闽风土区系的核心。

最后，由于闽南地区近代海洋贸易发达，有大量从东南亚地区归来的华侨，同时由于受到客家文化的影响，闽南地区在很大程度上呈现出多元化的特征。而不论是插拱挑檐，还是围屋式平面，闽南地区依旧保留了很多浙闽风土建筑文化的核心要素。

内陆区：浙闽地区中的内陆平原谷地区域。其中有靠近古徽州地区的浙中—闽北（金华、衢州、丽水、南平）地区与靠近客家人聚居区的闽西（龙岩、潮州、汕头）地区。这些地区的建筑分别受到徽州文化、浙闽文化与客家文化的共同影响，呈现出许多混合做法的特征。这些地区属于浙闽风土区系的影响范围，但已经很难归入浙闽风土区系核心区内。

在浙中—闽北区，受到浙闽系与徽州系的共同影响。其主要特征有：多进四合院、穿斗插梁架、牛腿挑檐、封火山墙，这些都是徽州风土建筑的典型特征。而闽北地区插拱变形做法和浙中地区围屋式平面做法，都说明其也受到了浙闽风土区系的影响。

闽西地区则受到浙闽系与客家系文化的共同影响。其主要特征有：墙承重、无挑檐、夯土封火墙，这些均为客家系居住文化的典型。而少量插拱做法的存在与围屋土楼的形制也说明其具有浙闽风土建筑的某些特质。

浙闽沿海风土建筑区系的源流

今天的浙闽风土区系的形成绝不是一蹴而就的，也不是线性的或单向的，而是多元文化在各个时期反复影响，反复融合的结果。通过浙闽风土建筑中各种做法的时代性特征，也可以从另一个角度总结出浙闽风土建筑的自主性与地域性特征。

（1）百越建筑传统

不论从河姆渡遗址等史前遗迹，还是从今天中国西南少数民族建筑，抑或是从江南到华南的汉族风土建筑中，都可以看到穿斗式构架的痕迹。这种基于柱子和穿枋的整体性极强的排架构造技术，深深根植于中国南方居住文化之中，可以说是如今南方系风土建筑中最核心的一个特征。

为了应对南方潮湿多雨的气候环境，百越的先民们创造出底层架空的"干栏式"做法。从河姆渡文化、马家浜文化和良渚文化到江西清江营盘里、成都二十四桥的许多遗址中，都发现埋在地下的木桩以及底架上的横梁和木板，表明当时已产生干栏式建筑。杨鸿勋先生甚至指出，干栏式建筑促成了穿斗式结构的出现，并直接启示了楼阁的发明——提高地板（居住面），并利用了下部空间，最终导致阁楼与二层楼房的形成。

干栏式穿斗木楼，这一典型居住形式是今天许多南方传统建筑常用的结构形式，是百越建筑文化的传统。同样，在浙闽地区值得注意的是，山区依旧存在着干栏式穿斗木楼，如屏南漈下某宅（47 号）、德化格头连式祖厝（100 号），都是对这一传统的印证。

（2）民族融合与东南民居的形成

唐宋时期是东南地区迅速发展的时期，也是闽越民系形成的时期，同样也是浙闽地区独特的居住文化成型的时期。

合院与长屋的结合：虽然依旧缺乏关键性的证据，但史前与早期的浙闽地区风土建筑的平面形制应当以"一"字形长屋为主。闽东中常见而北方在宋朝以后就逐渐消失的廊院式四合院布局说明，北方汉族移民大量涌入，使北方系的合院式平面布局开始在浙闽地区普及。然而，原始的"一"字形布局依旧没有被抛弃，合院与长屋的融合形成了南方特有的"对合式""护厝式"合院民居，这些居住形式不断发展，又衍生出防御性的堡寨甚至土楼，形成了浙闽风土建筑独特的平面形制。

斗拱与穿斗的结合：斗拱是东亚木构建筑中最具特色的构件，它不仅具有支撑挑檐的结构作用，也具有极强的装饰性，甚至成为一种身份与地位的象征。斗拱做法传入浙闽地区的时间应当与唐宋移民涌入的时间吻合，这一点，福建地区斗下皿板做法是最有力的证据。然而，大斗上起拱的做法并不适应南方穿斗构架体系的传统。因此，出现了省略大斗，拱木全部插入柱中的插拱做法。插拱的出现，既保留了斗拱挑檐、美观的结构与装饰特征，同时又适应了穿斗体系的结构特征，可以说，插拱做法是浙闽风土区系中最具特色也最具匠心的特征。

（3）中原文化的再传入与浙闽风土建筑的演变

明清时期虽然浙闽风土区系已经成型，但仍然与北方有着技术、文化的交流，并使浙闽风土建筑特征产生了进一步改变。这一时期最重要的几个特征就是多进合院与砖墙的普及、木质构件的衰退以及雕刻装饰之风的兴起。

多进合院的传入：多进合院，为元代以后北京流行的平面形制，因而对全国各地都产生了不同程度的影响。同样，浙闽地区的上流住宅也深受影响。在本书第二章已经探讨过，浙闽地区明代的多进合院所占比例要远低于清代多进合院的比例，而且闽北、浙西等与中原、北方联系紧密的地区多进合院平面要远多于浙闽沿海地区。也就是说，浙闽地区的多进合院平面形制为明清时期从长江流域传入的。

砖围护结构的普及：明代开始，制砖技术的发展使得民间大量用砖。而砖优良的耐火性和防水性使砖墙围护结构迅速在全国普及。浙闽地区砖墙技术也迅速推广，尤其是在黏土资源丰富、人口密度较高的平原地区。然而与其他外来技术一样，砖墙也与浙闽地方做法融合，形成了两重山墙做法。

木造构件的衰落：浙闽风土建筑无论是木质围护结构，还是曲线剳牵、插拱做法，都在清代开始衰退，地域性特征也逐渐减弱。首先是曲线剳牵结构的衰退，明代住宅中使用曲线剳牵做法的所占比例要高于清代住宅中的比例。而插拱做法有着同样的趋势，并且在地域上，插拱做法占优势的区域也在缩小。

装饰化的倾向：清代以前，建筑雕刻与装饰图案都比较简素，以卷草纹浅浮雕为主。而到了清代，人物、山水、动物形象的雕刻在建筑中开始大量出现，甚至有亭台楼阁、历史故事等复杂的大型雕刻出现。而与构件装饰性加强相对的，是构件结构力学作用的逐渐减弱。这在浙闽地区则更为常见，并以插拱做法的装饰化转变为代表。

总而言之，明清以来，多进合院与砖封火山墙等外来建筑做法逐渐流行，而本土的曲线剳牵与插拱做法则逐渐衰退。可以说，浙闽风土区系明清以来不断呈现出衰落的势头。而浙闽地区各次级风土文化圈中，也因各地方集团与外来文化融合程度的不同，呈现出各种风土特征的变形，从而呈现出更为丰富多彩的建筑现象。

（4）浙闽风土建筑特征的时空分布

由于浙闽地区以古百越民居为底层，并在各个时期与汉族移民文化反复融合，因此不同地缘条件造成文化融合的程度各有不同，从而在浙闽风土建筑的共时性分布特征中也出现了通时性的差异，从而造成了浙闽风土建筑谱系的一种有趣的时空分布。

首先，浙闽地区由闽东地区向北向南，各建筑手法的成形时间渐晚。如挑檐做法中，无论是闽南的垂花柱做法还是浙南的斗拱做法，都比闽东的插拱、吊柱做法要晚；而浙中—闽北地区的牛腿做法则更晚。又如较晚的封火山墙做法，在广东潮汕地区和浙中—闽北地区分布很广，在沿海地区则没有那么多。

其次，海拔越高的山区，风土特征越为传统。典型的例子就是浙南至闽中的山区中还存在着干栏式木楼的做法，山区中木质围护结构的使用频率远高于砖围护结构。而乡村、偏僻地区比城市、交通要道沿线的做法传统。如福州市内，封火山墙、垂花柱的做法都很多，处在福州北上进京要道的尤溪县桂峰村，也出现了很多垂花柱的做法。总的说来，山区之于平原、农村之于城市、偏僻地区之于交通要道，建筑的做法都更为原始、纯粹，建筑文化的融合更为不完全。

浙闽风土区系的定位

（1）浙闽系与北方系的区别

浙闽系风土建筑与北方系风土建筑有着很大的区别。在平面上，浙闽合院不像北方合院那么强调南北轴线；浙闽的宗族也没有北方那么强的尊卑与长幼次序观念，更倾向于平等的生活空间。在构造上，浙闽地区以穿斗式木构架及其衍生出的各种木质构造为主，区别于北方抬梁、夯土、砖墙的构造体系。

（2）浙闽系与南方系的异同

浙闽风土区系，是中国南方风土建筑区系的一个分支。在南方中国，百越先民与历代南下汉人相互融合，形成了与北方不同的建筑文化。而南方风土建筑之间的异同，也正是土著文化与中原汉族文化融合程度的不同所造成的。从这一点看，浙闽系风土建筑与中国南方的整体状态是一致的。

然而，浙闽系风土建筑，比起中国南部其他地区，保留了更多历史更悠久的建筑、文化要素。从"一"字形平面到横向展开的平面布局，从插拱挑檐到斗拱挑檐，浙闽地区在地理位置上离中国政治中心较远，保留更多土著文化要素，足以让其在中国南方风土建筑区系中独树一帜。

（3）浙闽风土区系的定位

自罗香林开创民系概念以来，建筑史学家便开始利用民系概念探讨风土建筑谱系分区。之后，陆元鼎、余英、朱光亚等建筑史学家都曾以民系为基础对汉族风土建筑进行了谱系分区研究，并将中国分为南方与北方两大体系，进而将南方划分为五个风土区系以与南方五大民系相对应：

越海系——以浙江（吴语）为中心；

闽海系——以福建（闽语）为中心；

湘赣系——以湖南（湘语）和江西（赣语）为中心；

南汉溪（广府系）——以广东、广西（粤语）为中心；

客家系——以赣南、闽系与粤北（客家语）为中心。

本书将越海系与闽海系风土建筑统合研究，并重新定义了其边界。不论从建筑特质，还是自然环境、文化渊源与人口迁徙方面，都可以发现：钱塘江以南的浙江大部分地区，与长江下游环太湖地区的北部吴语方言区有着显著的差异，因而越海系可以二分；而闽海系也存在着闽东、闽南与闽西、闽北的差异。因此浙闽沿海地区，因其相近的自然、历史条件与相近的建筑传统，可以重新将其定义为浙闽风土区系。

浙闽风土建筑谱系

综上所述，浙闽系风土建筑存在以下特质：

平面布局，以"一"字形平面及其变形（包括三合院）为主；

梁架结构，以穿斗式排架体系为主；

梁柱做法，采用方柱与曲线劄牵等独特的构件；

挑檐做法，以插拱、斗拱做法为主。

进而可以发现：浙闽风土区系以闽东、浙南地区为核心；浙东、福建中南部地区为主要影响区域；而浙中、浙西、闽西、闽北等内陆地区则只是浙闽风土区系影响的波及地区，更多呈现出多文化混杂的状态。

浙闽风土区系为中国南方系建筑文化圈中的一个分支，也存在着独特的建筑文化。平面自由、穿斗构架、曲线梁枋、方柱简础、斗拱—插拱、木质围护是浙闽系风土建筑最重要的六个特征，可以称之为理想的浙闽风土建筑形制。这六个特征是中原汉族文化与南方土著文化融合而成的，随着北方南下的移民潮在宋元时期达到最高峰。然而，文化的交流与融合一刻也没有停止，浙闽地区的各次级文化圈中，各地方集团创造出各种理想浙闽风土建筑的变形，将历史传承发展。但今天，在浙闽风土建筑特质及其广大分布地域存在的前提下，可以说"浙闽风土区系"这一概念是完全成立的。

浙闽系风土建筑因中原文化的影响而形成，又因封闭的地理条件而发展成熟。并且，东南沿海地区开放、商业贸易发达，使得各种外来文化不断引入，同时，其自身文化也传播到海外。从中国台湾，到东南亚，再到日本。闽浙商人，沿着海上丝绸之路，将浙闽系风土文化传播到世界各地。

结 语

　　本书从前述的浙闽地区风土建筑的谱系问题出发，也就是从浙闽地区风土建筑意匠的综合探讨，从这些建筑特征中总结出浙闽地区建筑谱系，两个方面出发，将本书分为概述、平面、构造、地域性四个章节。

　　第一章主要对浙闽地区的历史聚落和风土建筑的自然、历史、经济、文化背景进行探讨，对风土聚落、建筑的整体状况进行简单的整理与分类。

　　第二章主要从浙闽地区现存风土建筑的平面布局分类出发，对各类型平面的特征和地域分布进行探讨并讨论各类型之间的关联性。首先，浙闽风土建筑的平面布局主要分为"一"字形平面、合院式平面和围屋式平面三种类型。"一"字形平面横向展开的做法是浙闽地区平面布局的重要特征，对浙闽地区风土建筑平面形制有着重要影响，三合院、围屋可以看作是"一"字形长屋的变形。而中国传统住宅中常见的多进合院做法在浙闽地区却并不常见，可以说是一种外来的建筑形式。其次，浙闽风土建筑的平面布局有着比较强的地域性特征。"一"字形平面集中在浙江温州与闽中山区。而合院式平面则主要分布在浙江西部、北部和福建北部。围屋式平面集中分布在福建南部到广东东部的闽南、莆仙、闽西、潮汕一带，此外，在闽江中下游、浙东、浙中一带也存在着少量的围屋式平面。最后，浙闽风土建筑的平面布局也与村落居民的生计有着关联。合院式布局与耕读文化，围屋式布局与商贸文化的对应关系非常鲜明，显示出住宅形式与地域经济的紧密联系。

　　第三章聚焦于浙闽风土建筑的构造做法，以及各部位做法的地域分布和南北民居构造差异的探讨。首先，穿斗式做法为主体，加上曲线梁枋（月梁）和方柱的使用，是东南沿海地区民居梁柱做法的主要特征。

　　其次，在围护结构上，砖普及之前，不同于北方的夯土墙，南方以木板墙、竹骨灰泥墙为主要的围护结构。木质围护结构虽然防火性较差，却有良好的防潮、抗结露特性，对南方潮湿多雨的气候有着良好的适应性。明代，砖墙在全中国开始普及，砖砌封火山墙的影响逐渐扩大，因而在浙闽地区传统的木质围护结构逐渐减少，封火山墙的使用逐渐增多，而且出现了折中的两重山墙构造（木质围护结构的外侧加建砖封火山墙）。

　　最后，浙闽地区的挑檐做法可以说是最具特色的。在闽东地区，不论城乡贫富，几乎所有的民居都会采用插拱挑檐，而在浙东、浙南地区，斗拱挑檐做法则非常流行。不论是福建的插拱挑檐做法还是浙江的斗拱挑檐做法，都存在着极强的地域性特征。即：浙江东部的斗口挑做法，浙江南部的出一跳斗拱，福建东部的多跳插拱，福建南部的一至两跳插拱，其他地域的插拱、斗拱变形。这种有着悠久历史和强烈地域性的斗拱—插拱挑檐做法体现出浙闽地区从南北朝以来绵延不断的建筑文化传统。

第四章以浙闽风土建筑横向展开的长屋式平面、曲线劄牵、方柱、对砖墙的排斥、斗拱—插拱挑檐，这五个重要特征为主线，结合地理、方言、历史背景，分别分析浙闽地区各个次地域的建筑构件做法的出现频率，明确得出了以下结果：

首先，纵贯浙闽南北的一连串山脉将其分为东（沿海地区）与西（内陆盆地）两部分。而有着强烈地域性，能更多体现出东南沿海地区传统住居文化的区域正是中央山脉以东的沿海地区。内陆盆地地区则体现出多种建筑文化互相影响、重叠的状态。

其次，参考明清时代的驿站和官道的分布，从人口迁徙、方言区、大河流域等角度出发，可以更进一步限定浙闽风土建筑的地域性。从结果不难看出，远离驿站、官道和大河的闽东北部丘陵、浙南山区和福建中部戴云山区存在着更原始、更地方化的建筑做法。

综上所述，浙闽风土建筑存在着一个理想的标准样式，这个标准样式具备所有的当地从唐宋以来一直延续的传统建筑做法。也就是说，独立的"浙闽系"风土建筑是存在的。因此，将浙闽风土建筑系统化，并进行严格的谱系分类是可能的。浙闽风土区系与北方民居或客家民居不同，属于中国南方传统建筑这一大的体系，同时具有很多特有的做法和习俗。可以说，浙闽地区的住居文化是中国南方住居文化中的一个独立的分支。其中，平面自由、穿斗构架、曲线梁枋、方柱简础、斗拱—插拱、木质围护是浙闽风土建筑最重要的六个特征。而在明清时期，随着"多进四合院""封火山墙"等外来做法的影响，"曲线劄牵""插拱"等特征出现了不同程度的衰退。并且，由于各地方文化与外来文化融合程度不同，浙闽地区的各个次级文化圈体现出丰富的地域性特征，同时也出现了很多传统做法与新做法的融合或变形。

此外，浙闽风土建筑的祖型可以推断为宋代以前中原地区汉民族建筑样式与浙闽地区土著建筑样式融合成的新样式。进而，可以将浙闽风土建筑样式定义为一个独立的新样式。这一新样式以福建福州—宁德至浙江温州一线为核心区域，有着极强的样式统一性：以穿斗为主体的构架系统、方柱和曲线梁枋的组合、横向展开的长屋布局、深远的出檐和华丽的插拱—斗拱挑檐构造。而且，浙闽风土建筑意匠的地域性分布与方言区的划分有着高度一致性，并且浙闽地区中远离中原地区、面向大海的沿海区比靠近江南地区、与中原陆路往来频繁的内陆盆地地区有着更为传统、更为纯粹的建筑文化。

最后，对于浙闽风土建筑研究结果，也很大程度上间接证明了中国南北朝至明代的建筑与日本大佛样、禅宗样建筑有着直接的关联。

主要参考文献

[1] 高鉁明，王乃香，陈瑜 . 福建民居 [M]. 北京：中国建筑工业出版社，1987.

[2] 戴志坚 . 福建民居 [M]. 北京：中国建筑工业出版社，2009.

[3] 李秋香，罗德胤，贺从容，等 . 福建民居 [M]. 北京：清华大学出版社，2010.

[4] 中国建筑技术发展中心历史研究所 . 浙江民居 [M]. 北京：中国建筑工业出版社，1984.

[5] 丁俊清，杨新平 . 浙江民居 [M]. 北京：中国建筑工业出版社，2009.

[6] 黄为隽，尚廓，南舜薰，等 . 闽粤民宅 [M]. 天津：天津科学技术出版社，1992.

[7] 陆琦 . 广东民居 [M]. 北京：中国建筑工业出版社，2008.

[8] 李秋香，罗德胤，贾珺，等 . 浙江民居 [M]. 北京：清华大学出版社，2010.

[9] 黄浩 . 江西民居 [M]. 北京：中国建筑工业出版社，2009.

[10] 陆元鼎 . 中国民居建筑 [M]. 广州：华南理工大学出版社，2003.

[11] 余英 . 中国东南系建筑区系类型研究 [M]. 北京：中国建筑工业出版社，2001.

[12] 张玉瑜 . 福建传统大木匠师技艺研究 [M]. 南京：东南大学出版社，2010.

[13] 刘致平 . 中国居住建筑简史：城市，住宅，园林 [M]. 北京：中国建筑工业出版社，2000.

[14] 姚承祖，张至刚，刘敦桢 . 营造法原 [M]. 北京：中国建筑工业出版社，1986.

[15] 梁思成 . 营造法式注释，梁思成全集第 7 卷 [M]. 北京：中国建筑工业出版社，2001.

[16] 杨鸿勋 . 杨鸿勋建筑考古学论文集 [M]. 北京：清华大学出版社，2008.

[17] 易华 . 夷夏先后说 [M]. 北京：民族出版社，2012.

[18] 罗香林 . 客家研究导论 [M]. 台北：台北古亭书店，1975.

[19] 李济 . 中国民族的形 [M]. 南京：江苏教育出版社，2005.

[20] 葛剑雄 . 中国移民史 [M]. 福州：福建人民出版社，1997.

[21] 杨琮 . 闽越国文化 [M]. 福州：福建人民出版社，1998.

[22] 李如龙 . 汉语方言的比较研究 [M]. 上海：商务印书馆，2001.

[23] 宫川英二 . 風土と建築 [M]. 东京：彰国社，1979.

[24] 桥本万太郎 . 民族の世界史 5– 漢民族と中国社会 [M]. 东京：山川出版社，1983.

[25] 浅川滋男 . 住まいの民族建築学 [M]. 东京：建築資料研究社，1994.

[26] 吉川桂二 . 日本人の住まいはどこから来たか ―― 韓国・中国・東南アジアの建築見聞録 [M]. 东京：鳳山社，1986.

[27] 施坚雅 . 中华帝国晚期的城市 [M]. 叶光庭，等译 . 北京：中华书局，2000.

[28] OLIVE P. Encyclopedia of Vernacular Architecture[M]. Cambridge：Cambridge University Press，1997.

[29] 河南省文物研究所 . 淅川下王岗 [M]. 北京：文物出版社，1989.

[30] 泉州市鲤城区建设局 . 闽南古建筑做法 [M]. 香港：香港闽南人出版有限公司，1998.

[31] 福建省地方志委员会 . 福建省志 [M]. 北京：科学文献出版社，2012.

[32] 北京语言大学语言研究所 . 汉语方言地图集 [M]. 上海：商务印书馆，2008.

[33] 中国社会科学院 . 中国语言地图集 [M]. 上海：商务印书馆，2012.

[34] 福建省地方志编纂委员会 . 福建历史地图集 [M]. 福州：福建省地图出版社，2004.

[35] 宁德地区地方志编纂委员会 . 宁德地区志 [M]. 北京：方志出版社，1998.

[36] 泉州市地方志编纂委员会 . 泉州市志 [M]. 北京：中国社会科学出版社，2000.

[37] 王士性 . 广志绎 [M]. 上海：上海古籍出版社，2013.

[38] 顾祖禹 . 读史方舆纪要 [M]. 上海：中华书局，2005.

[39] 午荣 . 鲁班经匠家镜 [M]. 苏州：万历刻本，1606.

[40] 黄晓云 . 闽东传统民居大木作研究 [D]. 北京：中央美术学院，2013.

[41] 沈黎 . 香山帮匠作系统研究 [M]. 上海：同济大学出版社，2011.

[42] 洪石龙 . 泉州土楼及其类住宅设计模式 [D]. 厦门：华侨大学，2001.

[43] 陈楠 . 邵武传统建筑形态与文化研究 [D]. 厦门：华侨大学，2012.

[44] 贺从容 . 福建永安西华片民居的分布、形式及建房习俗 [J]. 建筑史论文集，2002，16（2）：145–154.

[45] 李文君，陈俊华 . 八闽地域乡土建筑大木作营造体系区系再探析 [J]. 建筑学报，2012（S1）：82–88.

[46] 关瑞明，朱怿 . 泉州传统民居官式大厝与杨阿苗故居 [J]. 新建筑，2011（5）：114–117.

[47] 杨鸿勋 . 明堂泛论——明堂的考古学研究 [C]. 营造（第一辑）. 北京：北京出版社，2001：1–98.

[48] 杨鸿勋 . 斗拱起源考察 [C]. 北京：1980 年全国科学技术史学术会议论文集，1980：5–16.

[49] 浙江省文物管理委员会. 河姆渡遗址第一期发掘报告 [J]. 考古学报，1978（1）：39-94.

[50] 张玉瑜. 福建民居木构架稳定支撑体系与区系研究 [J]. 建筑史，2003（1）：26-36.

[51] 张玉瑜. 福建民居挑檐特征与分区研究 [J]. 古建园林技术，2004（2）：6-10.

[52] 张十庆. 从建构思维看古代建筑结构的类型与演化 [J]. 建筑师，2007（2）：168-171.

[53] 孙大章. 民居建筑的插梁架浅论 [J]. 小城镇建设，2001（9）：26-29.

[54] 陆元鼎. 中国民居研究五十年 [J]. 建筑学报，2007（11）：66-69.

[55] 王育德. 中国五大方言的分裂年代的语言年代学试探 [J]. 当代语言学，1962（8）：14-16.

[56] 孔磊，刘杰. 泰顺传统建筑木作技术研究 [J]. 华中建筑，2008（7）：157-164.

[57] 张力智. 垂花柱小史 [C]. 中国建筑史论汇刊·第九辑，2014（4）：1-18.

[58] 路秉杰. 日本大佛样与中国浙江"溪山第一"门 [C]. 营造（第一辑）. 北京：北京出版社，2001：295-304.

[59] 李向东. 插拱研究 [J]. 古建园林技术，1996（1）：10-14.

[60] 崔ゴウン. 韓国，中国，日本の挿肘木に関する研究その1 [J]. 日本建築学会計画系論文集，2002（6）：321-326.

[61] 崔ゴウン. 韓国，中国，日本の挿肘木に関する研究その2 [J]. 日本建築学会計画系論文集，2003（3）：343-347.

附录　田野考察记录

福州宫巷刘宅

　　刘宅又名刘齐衔故居，位于福建省福州市鼓楼区三坊七巷历史街区宫巷14号。建于清代，原为三进四路大型合院，四座毗邻，总建筑面积四千余平方米。调研时西面两路有所改建。现为三坊七巷景区展览建筑对外开放。

图 S.1　一层平面图

图 S.2　大门

图 S.3　正厅

图 S.4　正厅梁架

图 S.5　正厅看架

图 S.6　偏厅

图 S.7　偏厅前檐

霞浦半月里雷位进故居

　　雷位进故居位于福建省宁德市霞浦县半月里村。建于清代，为后天井型三合院，中轴线上从南至北依次为前院，前轩廊，前厅，后厅，后天井。面阔三间，进深四间。建筑整体两层，前厅两层通高。悬山顶，砖防火墙，为闽东典型双重山墙做法。调研时厅堂东侧仍有人居住，西侧已经空置废弃。

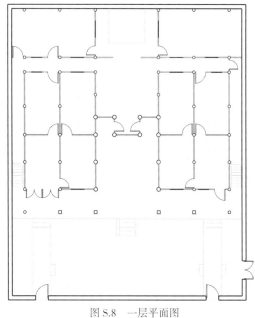

图 S.8　一层平面图

图 S.9　南立面图[1]

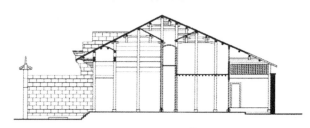

图 S.10　剖面图[2]

图 S.11　正面

图 S.12　正厅

图 S.13　后天井

图 S.14　梁架

---

① 戴志坚. 福建民居 [M]. 北京：中国建筑工业出版社，2009：190.
② 同前注。

周宁浦源郑宅

郑宅又名郑应文故居，位于福建省宁德市周宁县浦源镇。建于清末，平面为三合院，南面有入口门廊，两侧厢房很小，正房体量最大。建筑均为两层，四面夯土防火墙。调研时住宅一层公共部分作为郑应文生平事迹展览对公众开放，二层仍然作为住宅使用。

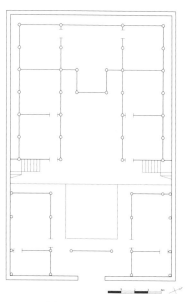

图 S.15　一层平面图

图 S.16　外观

图 S.17　厅堂

图 S.18　正房梁架

图 S.19　天井

屏南漈头张宅

　　张宅位于福建省宁德市屏南县漈头村。建于清代，平面为 H 形三合院，后天井与后厢房为厨房等辅助空间，较为杂乱。正房两层，厅堂也是两层。宅院四面围绕夯土防火墙，而正房则做成双重山墙结构。调研时该住宅仅有一位张姓老人居住。

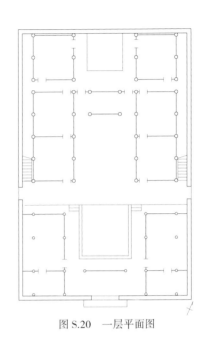

图 S.20　一层平面图

图 S.21　大门

图 S.22　厅堂看架

图 S.23　山墙

屏南漈下甘宅

　　甘宅位于福建省宁德市屏南县漈下村。据当地人讲已经有四百余年的历史,从梁架、挑檐插拱的形制来看,正房有可能有较长的历史。调研时现状较差,虽然还有人居住,但建筑整体破损严重。

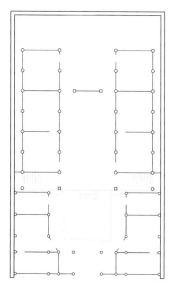

图 S.24　一层平面图

图 S.25　厅堂

图 S.26　厅堂前檐

图 S.27　天井

屏南漈下某宅

位于福建省宁德市屏南县漈下村,调研时已经完全废弃,摇摇欲坠。现仅存正房一座,据当地人讲建于明代,为全村历史最久的建筑之一。整体二层,且一层木柱与二层木柱并不连通,有些地方也不对位,有干栏式做法的残余。

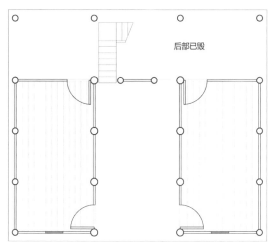

后部已毁

图 S.28 一层平面图

图 S.29 正面外观

图 S.30 后天井

图 S.31 干栏做法

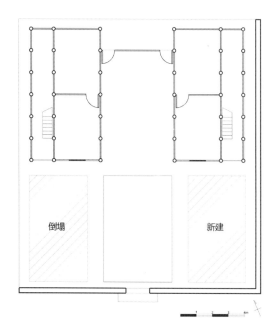

图 S.32 一层平面图

尤溪桂峰蔡宅

位于福建省三明市尤溪县桂峰村。建于清代，原为合院式平面，现仅存正房与大门。正房三开间，两山加披檐安放通向二层的楼梯。

图 S.33 厅堂

图 S.34 厅堂前檐

永泰嵩口垄口祖厝

垄口祖厝位于福建省福州市永泰县嵩口镇上。始建于宋代，明万历年间（1593）重建，又在清乾隆年间（1768）再度重建。平面为四合院，大门朝东，进入大门是厝埕；然后折向北，第一进下厅五间，作成回廊形制；两侧厢房各两间；正房五间、歇山顶。整体建筑无论从平面布局，还是构件做法都非常古朴。调研时仍有4户人家居住。

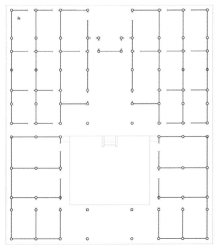

图 S.35　平面图

图 S.36　外观

图 S.37　下厅回廊

图 S.38　下厅廊架

图 S.39　正房

图 S.40　正房背面

德化承泽黄宅

　　黄宅位于福建省泉州市德化县承泽村,又名中舍堂。据当地人介绍建于民国初年(约为1910年代)。平面为"一"字形长屋,九开间。厅堂两层通高,两侧为两兄弟分家。调研时西侧两间被改建,仍为黄氏后人两户居住。

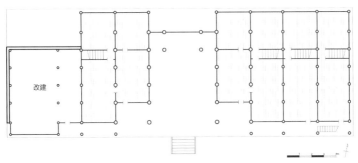

图 S.41　一层平面图

图 S.42　外观

图 S.43　厅堂

图 S.44　厅堂梁架

图 S.45　前檐插拱

德化格头连氏祖厝

　　位于福建省泉州市德化县格头村。据当地连氏家谱记载，建于明正德初年（约1508年）。为"一"字形长屋，两层，五开间，干栏式。两侧有两层通高的披檐，前部有两个楼梯间使连氏祖厝又像是 π 字形平面。正面一层前部有廊轩，廊轩与主体结合部为双柱式永定柱，其余一层部分都为架空层，二层当心三间为一敞厅。梁架为明间抬梁式，圆作梁柱，圆柱形柱顶石。看架斗拱形制完整，无装饰化变形，有襻间做法的残留。正面插拱挑檐，其余皆用吊柱。其独特的结构反映出浙闽地区早期的建筑样式。建造初为连氏先祖的住宅，后变为祖庙，迄今逢重要节日依旧有祭祖活动。

图 S.46　一层平面图　　　　　　　　　　图 S.47　二层平面图

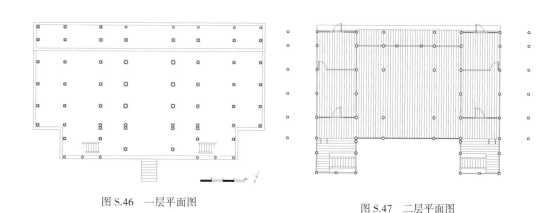

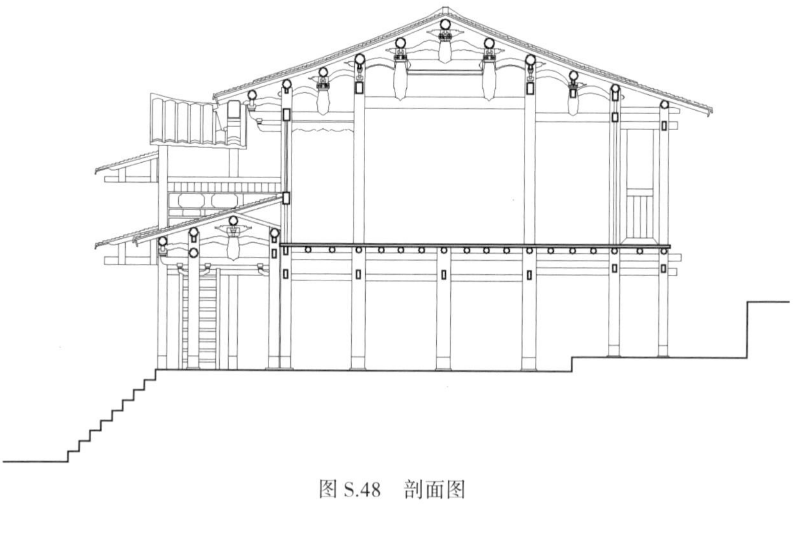

图 S.48　剖面图

图 S.49　外观

图 S.50　正立面

图 S.51　一层前轩

图 S.52　厅堂梁架

图 S.53　厅堂

邵武和平李氏大夫第

位于福建省南平邵武市和平镇，建于清同治年间（1862—1870）。为当时的官僚李春江的住宅。四进合院，每进正房三开间，厢房单开间，天井很小，平面呈窄长条形。木柱下有木柱栒，砖砌封火山墙围护。整体风格偏向江南地区。调研时仅有一户老人居住，建筑整体状况不佳。

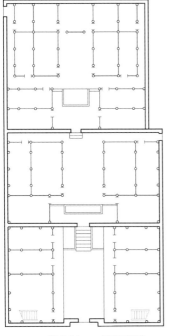

图 S.54　一层平面图

图 S.55　外观

图 S.56　第一进天井

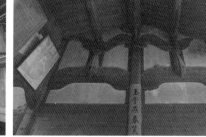

图 S.57　厅堂梁架

宁波月湖中营巷张宅

　　位于浙江省宁波市海曙区月湖街道中营巷 20 号，建于清代。平面为两进合院，单层。调研时已经被政府征收。该案例为 2011 年同济大学古建测绘队暑期测绘项目。

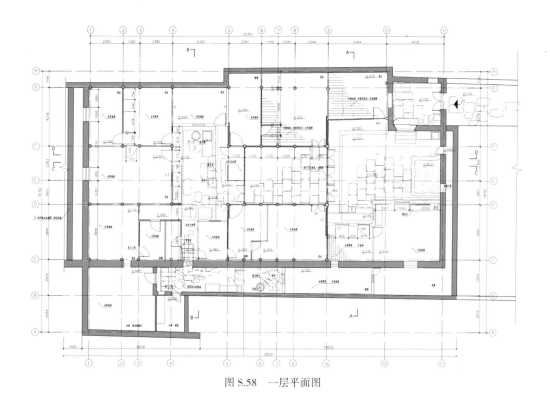

图 S.58　一层平面图

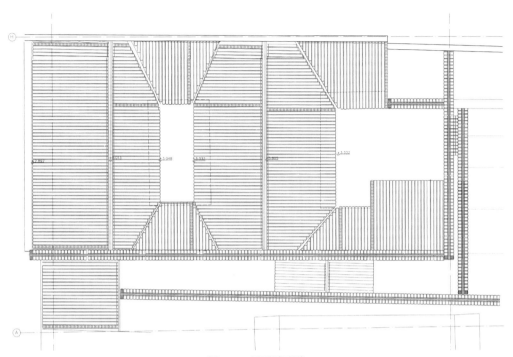

图 S.59　屋顶平面图

图 S.60　横剖面图

图 S.61　纵剖面图

宁波月湖天一巷刘宅

位于浙江省宁波市海曙区月湖街道天一巷 24 号，建于民国时期。平面为三合院，两层。有意思的是正房当心三间与两侧边间布置了楼梯间。调研时已经被政府征收。该案例为 2011 年同济大学古建测绘队暑期测绘项目。

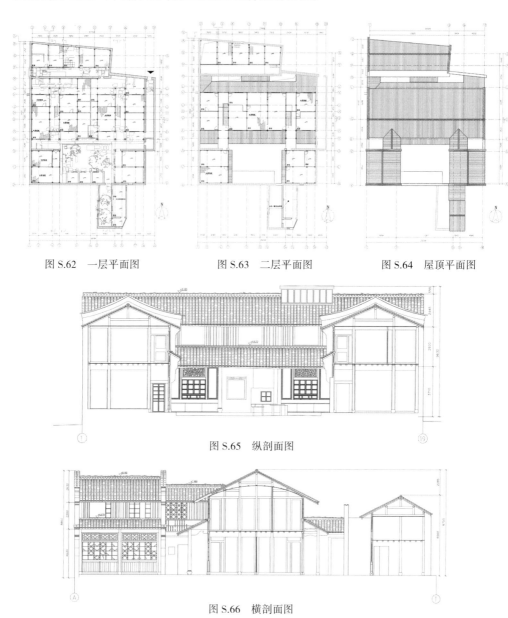

图 S.62　一层平面图　　图 S.63　二层平面图　　图 S.64　屋顶平面图

图 S.65　纵剖面图

图 S.66　横剖面图

图 S.67　内院　　　　　　　　　　　　　　　图 S.68　正房前檐

宁波月湖青石街闻宅

　　位于浙江省宁波市海曙区月湖街道青石街 14 号，建于清代。平面为三合院，两层。正房三开间，厢房四开间，正房两侧与后部还有一些辅助用房。调研时已经被政府征收。该案例为 2011 年同济大学古建测绘队暑期测绘项目。

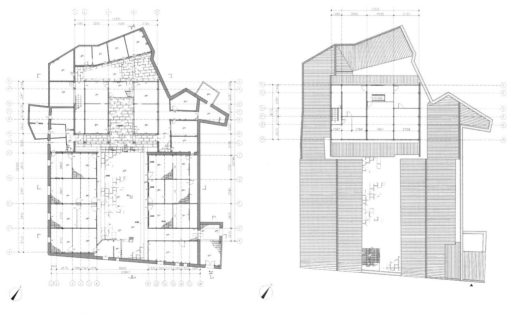

图 S.69　一层平面图　　　　　　　　　　　　图 S.70　二层平面图

图 S.71 横剖面图

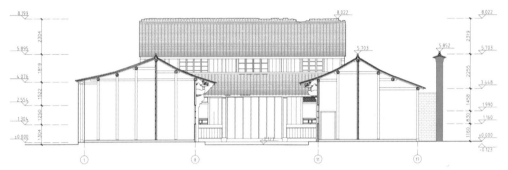

图 S.72 纵剖面图

图 S.73 内院

图 S.74　正房前檐　　　　　　　　　　　　图 S.75　正房梁架

宁波月湖青石街张宅

位于浙江省宁波市海曙区月湖街道青石街，建于清代。主体建筑平面为前后天井三合院，东西侧还加建有偏院。偏院东西朝向，有围屋形制的影子。主体建筑体量很大，两层，其余建筑均为单层。调研时已经被政府征收。该案例为 2011 年同济大学古建测绘队暑期测绘项目。

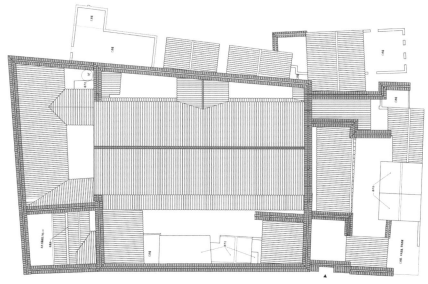

图 S.76　屋顶平面图

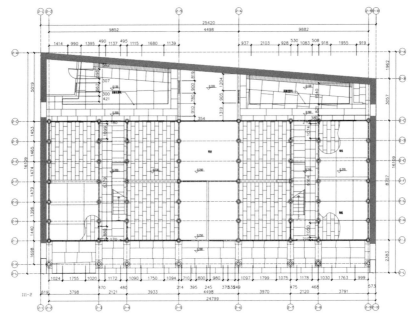

图 S.77　正房平面图

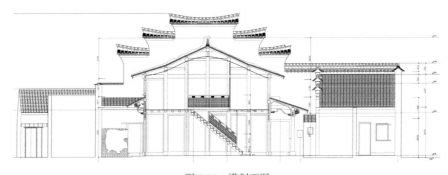

图 S.78　横剖面图

图 S.79　纵剖面图

图 S.81　正房前檐

图 S.80　正房

图 S.82　二层及山墙

黄岩司厅巷汪宅

位于浙江省台州市黄岩区司厅巷 3-5 号，建于民国。三合院，两层，正房五开间，厢房三开间。该案例为 2003 年同济大学古建测绘队暑期测绘项目。

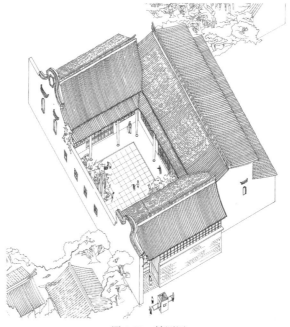

图 S.83　轴测图

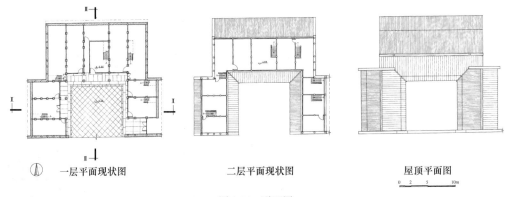

一层平面现状图　　　　　二层平面现状图　　　　　屋顶平面图

图 S.84　平面图

Ⅰ—Ⅰ剖立面图

图 S.85　纵剖面图

Ⅱ—Ⅱ剖立面图

图 S.86　横剖面图

黄岩司厅巷 16 号张宅

位于浙江省台州市黄岩区司厅巷 16 号，建于清末。四合院，门房单层，其余两层，正房五开间，厢房三开间。该案例为 2003 年同济大学古建测绘队暑期测绘项目。

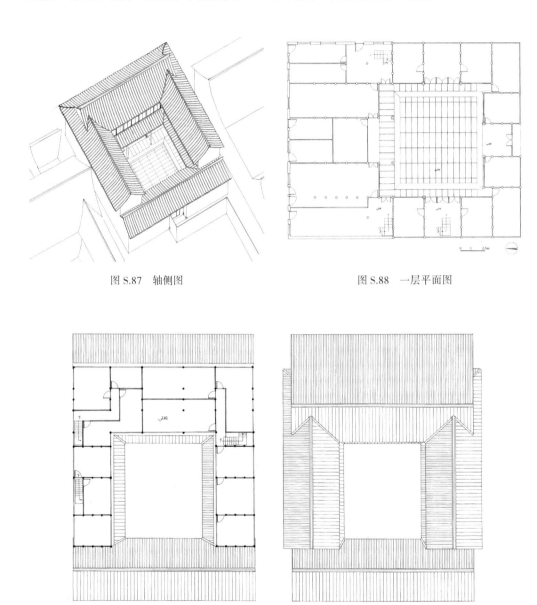

图 S.87　轴侧图　　　　　　　　　　　　　　图 S.88　一层平面图

图 S.89　二层与屋顶平面图

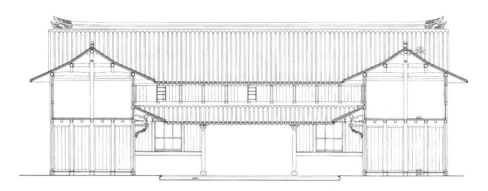

图 S.90　纵剖面图

图 S.91　横剖面图

黄岩司厅巷 32 号洪宅

位于浙江省台州市黄岩区司厅巷 32 号，建于清代。四合院，门房单层，其余两层，正房五开间，歇山顶，四面加抱厦；厢房三开间，歇山顶，三面加抱厦。沿街门房有墙门一座，形制与其他建筑不同，当为后来加建。宅院西侧抱厦因新建其他建筑，在中华人民共和国成立后经历了改建，缩短了进深，加砌了防火砖墙。该案例为 2003 年同济大学古建测绘队暑期测绘项目。

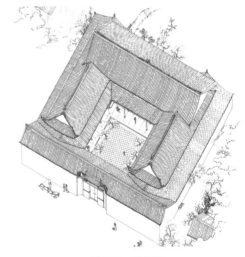

图 S.92　轴侧图

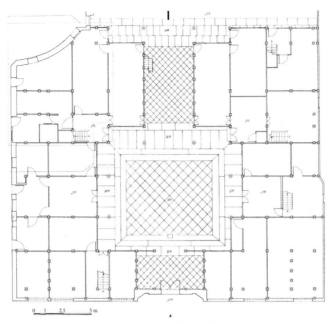

图 S.93 一层平面图

图 S.94 纵剖面图

图 S.95 横剖面图

平阳腾蛟苏步青故居

苏步青故居位于浙江省温州市平阳县腾蛟镇，建于民国时期，为著名数学家苏步青的故居。平面为"一"字形长屋，七开间。长屋并不对称，厅堂西侧两间，东侧四间，东侧尽间还做成开敞的亭子形制。屋顶形制也不对称，西侧为悬山做法，东侧为庑殿做法。调研时已经改造成为苏步青纪念馆对外开放。

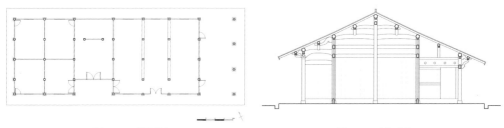

图 S.96　平面图　　　　　　　　　　　图 S.97　剖面图

图 S.98　外观

图 S.99　厅堂

图 S.100　梁架

图 S.101　侧面敞厅

景宁小佐严宅

　　位于浙江省丽水市景宁畲族自治县小佐村，建于民国末年。平面为"一"字形长屋，两层五开间，干栏式建筑，位于较陡的山坡上。一层原为厨房和架空层，后改为居室。二层为厅堂和主要生活空间。调研时仅有一户人家居住。

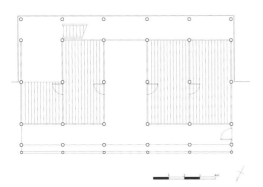

图 S.102　一层平面图

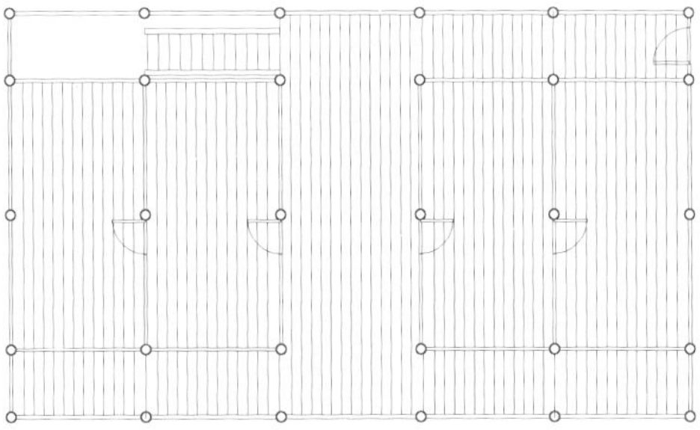

图 S.103　二层平面图

图 S.104　外观

图 S.105　前檐

图 S.106　梁架

217

景宁桃源某宅

位于浙江省丽水市景宁畲族自治县桃源村，据村民说有 200 年以上的历史。平面为"凹"字形，为"一"字形长屋的变形。宅院位于山坡台地上，入口在西南角，入口门屋采用了插拱挑檐。主体建筑两层，一层正面使用了雕刻牛腿，其余部位都用插拱挑檐。调研时宅院正在由当地村民自行进行修缮。

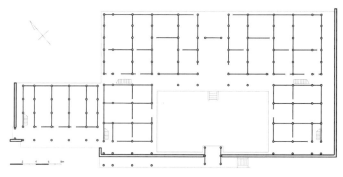

图 S.107　一层平面图

图 S.108　外观

图 S.109　侧门

图 S.110　内院

图 S.111　二层挑檐

永嘉埭头松风水月宅

位于浙江省温州市永嘉县埭头村，建于清代，因其墙门上有"松风水月"四字而得名，其家主与后述"墨沼生香"宅本是一家，分家后所建，因其年长，故居"墨沼生香"宅之北山坡上。平面为"一"字形长屋，七开间。调研时仅有一对老年夫妇居住在东侧尽间。

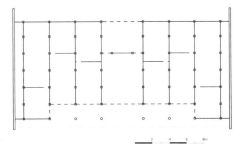

图 S.112　平面图

图 S.113　大门

图 S.115　前檐

图 S.114　外观

图 S.116　厅堂

永嘉埭头陈贤楼宅

位于浙江省温州市永嘉县埭头村，建于清代，因其墙门上有"墨沼生香"四字，也叫墨沼生香宅。其家主与前述"松风水月"宅本是一家，分家后所建。平面为曲尺形二合院，正房单层，七开间。东厢房两层，四开间，为民国时加建。调研时陈贤楼与患病的母亲居住在东厢房。

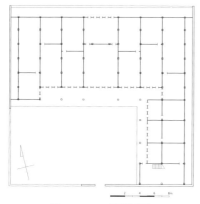

图 S.117　一层平面图

图 S.118　大门

图 S.119　外观

图 S.120　侧面

图 S.121　背面

图 S.122　厅堂

图 S.123　梁架

平阳青街李氏二份大屋

　　位于浙江省温州市平阳县青街镇，建于清乾隆年间（1736—1795）。因其为李氏一族分家后所建，且排行第二，故名二份大屋。平面为对合式四合院，正房九开间，厢房三开间，四面厅。除门屋外皆两层。一层厅堂为日常生活用，二层厅堂祭祀祖先。调研时大屋基本住满了李氏后人。

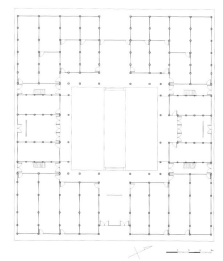

图 S.124　一层平面图

图 S.125　外观

图 S.126　内院看正房

图 S.127　梁架

图 S.128　内院看厢房

泰顺百福岩周宅

　　位于浙江省温州市泰顺县百福岩村，根据住户介绍有 160 ～ 180 年的历史。平面为两层"一"字形长屋，九开间，两侧有抱厦，抱厦的做法比较特别，使屋顶平面呈现 H 形。调研时老宅只有一位老婆婆居住，其子在老屋旁新建砖房居住。

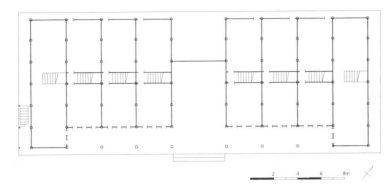

图 S.129　一层平面图

图 S.130　外观

图 S.131　梁架

图 S.132　厅堂

图 S.133　前檐

缙云河阳朱宅

位于浙江省丽水市缙云县河阳村，建于清代，为全国重点文物保护单位河阳村乡土建筑中的一部分。平面为四进合院，正房三开间，厢房为横屋，前后贯通。调研时第二进主院住满了人，而后面两进伙社则几乎废弃。

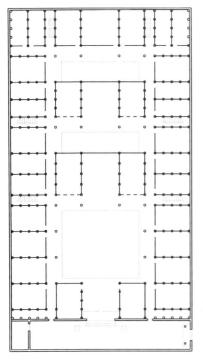

图 S.134　一层平面图

图 S.135　挑檐牛腿

图 S.136　伙社

图 S.137　内院

后 记

我仍然必须继续追问：我们究竟观察到了什么？相对论给出的答案是——我们只能观察到关系。量子理论给出了另一种答案——我们只能观察到概率。

——阿瑟·爱丁顿

在传统建筑史研究中，确定不同时代建筑样式与风格是研究的核心，将建筑史梳理成完整的树状谱系是其终极目标。但是，面对存量非常庞大的风土建筑时，我们会发现，严格的风格定义不再那么有效，任何试图归纳出的规律都有那么几个反例无法解决。不同经度、纬度、海拔，以及时代都会造成做法上的差异，甚至在四维时空中的同一个坐标点上（同一个村落中同时代的民居）也会出现些许不同。建筑学似乎面对着20世纪初物理学所面临的同样的问题，即微观世界的不确定性。先哲如梁启超，感叹人类自由之意志，认为对于文化现象，归纳法会失效。而历史人类学者在面对微观问题时舍弃了时空定位，专注于发掘每个现象背后的历史原因，从而恢复一个聚落在特定时代断面的全貌。但是，正如量子的位置与速度不可被同时测定，无数个聚落建筑断面的集合也并非风土建筑地域性的真正样貌。常青院士以方言区系为突破口，大胆提出风土谱系的假设，希望系统地将我国千姿百态的风土建筑以生物分类学的模式分门别类。然而，如今看来，这一风土谱系必将不是经典建筑风格史的那种样式描述，而应当是一种关乎概率的统计，并且不同地域谱系直接的界限是模糊的而不是界限分明的。

在本书成稿时，也就是博士论文写作期间，乡村还不像现在这样为各界关注，相关研究和调研、测绘资料也远没有今天这么丰富，因而所选择的样本数量有限，书中难免会出现不完全归纳的情况。今天如果重新探讨浙闽地区风土建筑特征谱系，其样本容量应当至少是书中所举案例的十倍。若在概率统计之后，再从自然、社会、经济、文化等背景出发，定量计算、推导出各特征要素理论上的权重并与实际统计概率相验证，当是一个更为科学严谨的论证过程。希望后来者可以受到本书的一点启发，在这条路上更进一步。

需要特别说明，由于一些技术原因，本书无法以地图的形式将建筑特征的地域分布呈现给各位读者，这非常遗憾。给各位读者带来不便，笔者在此深表歉意。

最后，要衷心感谢对本书给予各种帮助的人。首先感谢国家自然科学基金，同济大学出版基金对本书的资助。也要特别感谢横滨国立大学大野敏教授和同济大学常青院士对本书的指导与关注。感谢调研地的各级政府、各位老乡给予支持和协助，感谢我的家人、同学、同事、朋友的关心与帮助。也要感谢各位读者，真的谢谢大家了！

谨以此书献给我即将出生的孩子。

周易知
2019 年 6 月于同济